深层天然气井
流动保障技术

刘洪涛　潘昭才　曹立虎　等编著

SHENCENG TIANRANQIJING
LIUDONG BAOZHANG JISHU

石油工业出版社

内 容 提 要

本书通过对塔里木油田深层气井流动保障技术的归纳总结，系统介绍了深层气井井筒流动保障技术体系，包括堵塞物形成机理、实验分析技术、预测数学模型等机理研究，以及成熟的堵塞物防治技术，以帮助读者能够快速了解深层气井堵塞物如何形成，如何预测和防治技术，具有很强的理论性和实用性。

本书可供油气田开发工程技术和生产管理人员及相关科研人员参考，也可作为相关高等院校教师、硕士和博士研究生的参考用书。

图书在版编目（CIP）数据

深层天然气井流动保障技术 / 刘洪涛等编著 . —北
京：石油工业出版社，2022.12
ISBN 978–7–5183–5764–2

Ⅰ . ①深… Ⅱ . ①刘… Ⅲ . ①气井 – 采气 – 研究
Ⅳ . ① TE37

中国版本图书馆 CIP 数据核字（2022）第 227007 号

出版发行：石油工业出版社
　　　　　（北京安定门外安华里 2 区 1 号楼　100011）
　　　　　网　　址：www.petropub.com
　　　　　编辑部：（010）64523710
　　　　　图书营销中心：（010）64523633
经　　销：全国新华书店
印　　刷：北京中石油彩色印刷有限责任公司

2022 年 12 月第 1 版　2022 年 12 月第 1 次印刷
787×1092 毫米　开本：1/16　印张：15.5
字数：270 千字

定价：120.00 元

（如出现印装质量问题，我社图书营销中心负责调换）
版权所有，翻印必究

《深层天然气井流动保障技术》
编 写 组

组　　　长：刘洪涛

副 组 长：潘昭才　曹立虎　黄　锟　文　章　张　宝
　　　　　吴红军

编写人员：（按姓氏笔画排序）

于小童　王　师　王春雷　王胜雷　尹红卫

巴　旦　孔嫦娥　朱良根　朱松柏　刘　举

刘　源　刘已全　刘建仪　齐　军　孙　涛

孙晓飞　肖香姣　吴俊义　何川江　何新兴

宋秋强　张　晖　张宏强　张雪松　陈　兰

陈　庆　陈德飞　易　俊　周　璇　周理志

孟祥娟　孟繁印　胡　超　钟　诚　姚茂堂

袁　华　袁泽波　徐海霞　徐鹏海　高文祥

唐胜蓝　黄龙藏　庹维志　彭建云　敬　巧

景宏涛　曾　努　黎　真　滕　茂　滕　起

魏军会

前　　言

　　流动保障是国外 20 世纪 90 年代中期提出的一个概念，主要针对深水油气田开发中遇到的蜡、沥青质、水合物等堵塞问题，进行相关的分析，研究保障管路系统流动安全的技术措施。天然气是"双碳"目标下的清洁能源，战略地位日益突出，而我国陆上深层天然气资源量占常规天然气总量的 70.3%，陆上深层天然气开采是加大国内天然气开发力度的重要领域。深层气藏通常具有高温高压、流体性质复杂等特征，气井开采过程常伴随砂、垢、蜡、水合物堵塞问题。以塔里木油田为例，2017 年因堵塞减少气田产量超 $30×10^8m^3$，流动保障技术成为保障深层气田高效开发的关键所在。借鉴深水油气田流动保障研究思路，以塔里木库车山前深层天然气井堵塞问题为突破点，通过与中国石油研究机构和高校的联合攻关，2021 年形成深层气井流动保障技术体系。为方便国内采气工程技术人员参考，特编写了《深层天然气井流动保障技术》。

　　全书共分为七章，第一章介绍了国内深层天然气资源分布、温度、压力、流体特性等地质特征和开采过程中流动保障难题，对于深层气井，生产过程中主要面临砂、垢、蜡和水合物等堵塞问题；第二章介绍了深层气井堵塞物的取样方法和堵塞物成分分析方法，精准分析堵塞物成分对后续堵塞机理研究和防治技术攻关至关重要；第三章介绍了深层气井出砂机理研究、出砂临界生产压差预测模型，这些理论模型指导了预防出砂合理生产制度制定，同时还介绍了利用连续油管疏通技术在气井井筒砂堵中的应用和高压井口除砂器预防井口砂堵的应用；第四章介绍了深层气井结垢机理、室内分析实验和结垢预测模型，以及气井化学除垢技术和气井防垢技术；第五章介绍了深层凝析气井结蜡机理、室内测定实验方法和结蜡预测模型，以及连续管缆加热、井下化学注入阀等深层高压气井特色防蜡技术；第六章介绍了水合形成机理、室内实验测定技术，水合物热力学预测模型及水合物防治技术；第七章介绍塔里木了深层气井解堵作业时机确定方法、解堵设计编制规范、解堵效果评价方法和塔里木深层气井流动保障技术体系的整体应用效果等。

本书第一章由黄锟、孔嫦娥、孟繁印、徐海霞、巴旦、敬巧编写；第二章由刘举、王胜雷、陈兰、胡超、姚茂堂、王师、张晖编写；第三章由黄龙藏、肖香姣、彭建云、陈庆、滕起、张宏强、朱良根、滕茂、刘源编写；第四章由张宝、曹立虎、吴红军、刘建仪、孙涛、景宏涛、朱松柏、黎真、袁华编写；第五章由周理志、何新兴、刘己全、曾努、张雪松、齐军、易俊、钟诚、于小童编写；第六章由文章、孟祥娟、陈德飞、魏军会、宋秋强、何川江、徐鹏海编写；第七章由高文祥、周璇、尹红卫、孙晓飞、袁泽波、王春雷、唐胜蓝、吴俊义编写。全书由刘洪涛、潘昭才、曹立虎整体策划，由黄锟、曹立虎、孙涛负责汇总统稿。

本书作为一本深层天然气井开采流动保障技术的专著，对研究机构、高校科研人员和现场技术人员解决气井流动保障问题将起到积极的参考作用。由于时间仓促和水平有限，书中难免存在不足之处，敬请广大读者提出宝贵意见。

2022 年 10 月

目　　录

第一章　深层天然气井概论

在我国"双碳"目标下，天然气作为低碳、高效、经济、安全的清洁能源，已成为促进经济增长、社会和环境可持续发展的重要主体能源之一，战略地位日益突出。以 2004 年底"西气东输"工程正式商业运行为标志，我国天然气实现了跨越式发展，天然气产量由 2004 年的 $415 \times 10^8 m^3$ 增长到 2021 年的 $2053 \times 10^8 m^3$，年均增速为 9.9%；天然气消费量从 2004 年的 $397 \times 10^8 m^3$ 增长到 2021 年的 $3726 \times 10^8 m^3$，年均增速达 14.1%。目前我国天然气对外依存度过高，带来能源供应安全和社会经济利益的双重挑战，我国能源供应的长期安全性将面临严峻考验。因此，加大国内天然气勘探开发力度，对于确保天然气供应的长期性、稳定性和可靠性，以及保障国家能源安全具有十分重要的意义。

本章详细介绍了国内深层天然气资源分布、地质条件特征和开采过程中流动保障难题。

第一节　深层天然气资源分布

深层油气资源，顾名思义，指的是在深埋沉积层生成并储集的油气资源，最初一般指在沉积层"生油窗"以下层位形成或富集的油气资源。但是，不同盆地生油窗深度差别较大，即便同一盆地的不同地区"生油窗"差别也较大，因此对于深层的定义国际上没有统一严格的标准，不同国家、不同行业乃至同一行业的不同机构对深层也有不同的定义。目前国际上通常将埋深不小于 4500m 定为深层，我国 2005 年全国矿产储量委员会颁发《石油天然气储量计算规范》，将储层埋深 3500~4500m 作为深层，储层埋深大于 4500m 作为超深层。中国钻井工程则将目的层 4500~6000m 确定为深层，而目的层大于 6000m 则为超深层。目前在油气勘探实践中，难以严格将"深层"和"超深层"区分，因此以下将"深层"和"超深层"统称为深层，下文将介绍国内深层天然气资源分布情况。

一、总体情况

中国深层天然气资源主要集中在四川盆地、塔里木盆地、准噶尔盆地、柴达木盆地、鄂尔多斯盆地、松辽盆地及渤海湾盆地等七大含油气盆地（江同文，2020）。其中尤以四川盆地和塔里木盆地深层天然气资源最为富集，是当前深层天然气开发的主力区域。松辽盆地深层火山岩、南海西部、渤海湾盆地深层潜山、准噶尔盆地南缘冲断带、柴达木盆地阿尔金山前等深层领域近年来也都取得了突破性进展，是深层天然气开发的重要增长点，如图1-1所示。

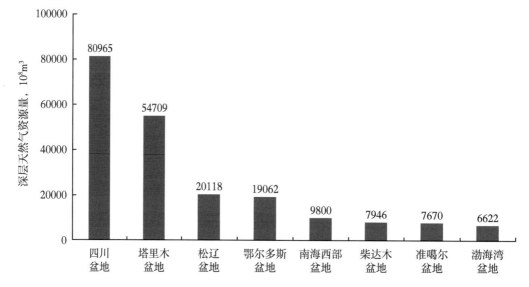

图1-1　中国主要含油气盆地深层天然气资源量柱状图
（来源于中国石油第四次油气资源评价成果）

二、塔里木盆地

塔里木盆地是由古生代克拉通盆地与中新生代前陆盆地组成的大型叠合盆地，寒武系—中生界发育多套烃源岩和多套油气成藏组合。塔里木盆地油气主要赋存在深层，大部分油气田产层埋深普遍大于6000m，深层天然气探明地质储量超过$1000 \times 10^8 m^3$，年产能规模超过$200 \times 10^8 m^3$。

塔里木盆地深层天然气资源主要分布在库车凹陷白垩系—古近系碎屑岩和台盆区寒武系—奥陶系碳酸盐岩。库车前陆冲断带近年来勘探持续突破，开发快速建产，储量、产量增长迅速，形成了迪那2气田、克深气田、大北气田、博孜气田等深层大气田。其中，迪那2气田是我国最大的深层高压凝析气田，探明天然

气地质储量 $1659×10^8m^3$，年产能规 $40×10^8m^3$。克深气田是目前国内最大的超深超高压气田，累计探明天然气地质储量 $6320×10^8m^3$，年产能规模 $150×10^8m^3$。大北、博孜气田是当前塔里木盆地深层天然气增储上产主要区块，已建成天然气年产能规模 $60×10^8m^3$。塔中隆起的塔中Ⅰ号气田是国内罕见的碳酸盐岩凝析气田，储层、流体复杂，目前建成年产能规模 $10×10^8m^3$。除此之外，库车凹陷秋里塔格构造带和台盆区寒武系盐下天然气勘探均已取得重大突破，这 2 个领域天然气资源潜力巨大，有望成为塔里木盆地深层天然气开发的主要接替领域。

三、四川盆地

四川盆地经历多旋回构造运动，发育两期克拉通内大型裂陷和 5 个大型不整合面，形成震旦系—三叠系多套生储组合，是中国深层天然气资源最丰富的盆地。2000 年以来，四川盆地相继发现普光气田、龙岗气田、元坝气田、安岳气田、川西气田等大型深层气田，探明地质储量超过 $20000×10^8m^3$，深层天然气年产能规模超过 $300×10^8m^3$，如图 1-2 所示（张道伟，2021）。目前四川盆地仍处于深层天然气发现的高峰期和储量快速增长期。

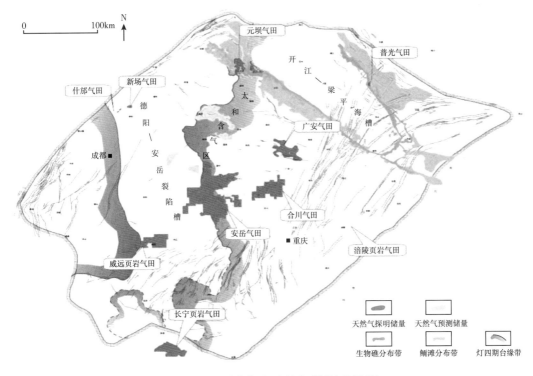

图 1-2　四川盆地天然气勘探成果图

四川盆地已发现的深层气田主要位于川中震旦系—寒武系、川东北二叠系—三叠系、川西北二叠系—三叠系，储层以海相碳酸盐岩台缘滩、生物礁为主。其中，安岳气田是国内已发现最大的整装碳酸盐岩气藏，目前已累计探明天然气地质储量 $10570×10^8m^3$，年产能规模达到 $150×10^8m^3$。普光气田是国内规模最大、丰度最高的海相高含硫气田，已探明天然气地质储量 $4121×10^8m^3$，年产能规模 $110×10^8m^3$。元坝气田是世界上罕见的超深高含硫生物礁气田，气藏平均埋深约 6700m，已探明天然气地质储量 $2195×10^8m^3$，年产能规模 $40×10^8m^3$。

除海相碳酸盐岩外，川西坳陷广泛分布的三叠系须家河组致密砂岩气藏三级储量接近 $10000×10^8m^3$，由于埋藏深、储层致密、气水关系复杂，在现有经济技术条件下难以实现效益开发，但其仍将是未来四川盆地深层天然气开发的重要接替领域。此外，川西地区深层二叠系火山岩勘探近期取得重大突破，有望成为四川盆地深层天然气"增储上产"的新领域。

四、南海西部

南海西部近海油气勘探范围主要包括越南北部陆地以东、中国两广陆地以南、东经 113°10′ 以西的海域，由毗邻的莺歌海盆地、琼东南盆地、北部湾盆地和珠江口盆地西部组成（谢玉洪，2016），总计沉积面积约 $22.5×10^4km^2$。南海西部近海沉积盆地位于欧亚板块、菲律宾板块和印度洋板块三大板块的交汇处，其中莺歌海盆地早期控凹断裂方向为北西向，古近纪走滑伸展成因；其他 3 个盆地早期控凹断裂方向主要为北东向，主要为古近纪裂谷伸展成因。4 个盆地均主要经历了古近纪伸展裂陷和新近纪裂后热沉降两大阶段，以"先断后拗"为典型特征的两类原型盆地叠加而成。

莺歌海、琼东南盆地钻井揭示自下而上发育古近系渐新统崖城组、陵水组，新近系中新统三亚组、梅山组和黄流组，上新统莺歌海组和第四系乐东组；北部湾盆地从下往上发育古近系长流组、始新统流沙港组、渐新统涠洲组，新近系中新统下洋组、角尾组和灯楼角组，上新统望楼港组及第四系斜阳组；珠江口盆地西部自下而上依次为古近系古新统神狐组、始新统文昌组、渐新统恩平组和珠海组、新近系中新统珠江组、韩江组和粤海组、上新统万山组和第四系琼海组。

已证实主要生烃凹陷有 17 个，其中生气凹陷 8 个：莺歌海凹陷、崖南凹陷、乐东凹陷、陵水凹陷、松南凹陷、松东凹陷、宝岛凹陷、长昌凹陷；生油凹陷 9 个：涠西南凹陷、乌石凹陷、文昌 A 凹陷、文昌 B 凹陷、福山凹陷、阳江凹陷、海中凹陷、迈陈凹陷、松西凹陷，其中文昌 A 凹陷油、气兼生。另外，崖北凹陷、雷东凹陷、纪家凹陷、海头北凹陷、湛江凹陷、阳春凹陷、文昌 C 凹陷、顺德凹陷、华光凹陷和北礁凹陷等凹陷的含油气条件尚未被钻井证实。

截至 2020 年底，南海西部近海发现 52 个气田及含气构造，其中大中型气田天然气探明储量占总探明储量的 88%。

第二节　深层天然气井地质特性

气藏埋藏深的特征伴随着储层高温、高压，复杂的地质成藏特征通常导致储层流体含有重烃、酸性气体等复杂成分，可总结为"高温高压、流体性质复杂"特征，这些因素增加气井开采过程中井筒堵塞的潜在风险。

一、温度压力特征

不同盆地不同地区地温梯度不同，油气藏温度不同，但均具有深度越大温度越高的趋势，因此总体上深层油气藏的温度更高，温度分布范围也更广，例如大庆徐家围子地区古龙 1 井井底温度高达 253℃，塔里木盆地顺托 1 井钻遇地层压力达 170.0MPa。

深层埋深较大，除少量油气藏压力较低之外，大多数压力普遍较高。存在 2 种压力系统（徐春春，2017）：（1）正常压力系统，埋深大，静水压力大，导致油气藏高压；（2）异常压力系统，油气藏压力明显高于静水压力，压力系数较高，导致异常高压。异常高压的形成与储层类型、油气藏类型以及演化过程等因素相关。具体见表 1-1。

深层油气藏在总体高温高压的背景下，因为盆地类型的差异，存在不同的温压场系统，深层高温高压油气藏成因复杂，分布规律也复杂，纵向上常常几套不同类型压力系统叠置，如四川盆地安岳大气田，寒武系龙王庙组气藏为异常高压气藏（压力系数 1.5~2.2），而位于其下的震旦系灯影组气藏则为压力系数正常（压力系数 1.0~1.02）的高压气藏。高温高压环境将会对油气生成、烃类相态转化，储层成岩、孔隙形成与演化，油气运移、聚集、保存等各方面都产生明显影响。

表 1-1　国内深层气田主要温压参数

气田	埋藏深度 m	开发层系	沉积环境	岩性	储集层类型	平均孔隙度 %	渗透率 mD	地层压力 MPa	地层温度 ℃
迪那2	4800~5600	古近系库姆格列木群	扇三角洲	砂岩	裂缝—孔隙型	8.8	0.99	106	136
克深	6000~7800	白垩系巴什基奇克组	辫状河三角洲	砂岩	裂缝—孔隙型	6.2	0.06	103~136	150~184
大北	5500~7300	白垩系巴什基奇克组	辫状河三角洲	砂岩	裂缝—孔隙型	7.3	0.08	89~119	130~165
元坝	6300~7200	二叠系长兴组	生物礁	白云岩、石灰岩	孔隙型	5.67	0.47	二叠系66~69；三叠系118~120	147~153
普光	4800~5500	三叠系飞仙关组 二叠系长兴组	台缘滩、生物礁	白云岩	孔隙型	7.3~8.1	0.011~3354	56	120~135
安岳	4500~6000	寒武系龙王庙组 震旦系灯影组	台缘滩、丘滩	白云岩	裂缝—孔隙型	3.8~4.3	0.51~0.96	寒武系68~78 震旦系150~160	140~160

二、流体特征

通过对全球 1477 个深层油气藏相态统计发现，42% 为气，7% 为油，51% 为油气并存，与中浅层相比深层天然气远多于石油（庞雄奇，2015）。根据传统的干酪根生烃理论，深层油气资源天然气比例增加有两方面原因：（1）随着埋深增加，地温升高，干酪根达到高—过成熟阶段，以干酪根降解生气为主；（2）中浅层生成的液态烃在深埋高温条件下裂解为天然气。

新的研究表明很多因素可以影响深层烃类相态，除了已经获得公认的烃源岩类型、地温梯度、埋深等，压力（如高的压力可以抑制液态石油向天然气转化）以及埋藏演化史类型（持续递进埋藏、早期深埋—晚期抬升、早期持续浅埋—晚期快速埋深）等也影响烃类相态。勘探实践也证实深层可以形成大油田，如 Rocket Moutain 盆地、North Caspian 盆地在深度超过 6000m 地层中仍以液态烃为主；我国的塔里木盆地塔北隆起地区在埋深超过 7000m 的储层仍有黑色原油产出；特别是渤海湾盆地冀中坳陷牛东 1 井于 5639m 深度钻达蓟县系雾迷山组潜山，测试获产天然气为 $56.3 \times 10^4 m^3/d$、石油为 $642.9 m^3/d$，该井底（6027m）温度达 200℃ 以上，发现了中国东部深层高温古潜山油气藏。世界上深层油气勘探发现已经突破了早期干酪根生油—成气理论所认为的生油窗及生气窗范围（60℃ $<$ T $<$ 120℃，0.6% $<$ R_o $<$ 1.35%），因此深层油气相态类型也比较复杂，包括有液态烃、凝析油、凝析气、气态烃及油气共存等。

1. 天然气

深层天然气一般为干气或凝析气，部分区块含 CO_2、H_2S 等酸性气体。塔里木盆地库车山前克深、大北区块为干气，C_1 含量为 96.71%~97.81%，CO_2 含量为 0.076%~0.876%，迪那、博孜等区块为凝析气，C_1 含量为 87.09%~88.47%，CO_2 含量为 0.192%~0.979%，凝析油含蜡量 5%~20%。四川盆地元坝气田、普光气田、安岳气田等深层气田一般为中—高含硫干气（吴小奇，2015；谢增业，2021），C_1 含量为 96.71%~97.81%，CO_2 含量为 0.076%~0.876%。具体见表 1-2。

表 1-2 国内深层气田天然气物性参数

气田	类型	烃类气体含量，%			非烃气体含量，%		
		C_1	C_2—C_6	C_{7+}	CO_2	N_2	H_2S
迪那	凝析气	87.09	9.67	1.87	0.979	0.391	0
克深	干气	97.81	0.675	0	0.876	0.639	0
大北	干气	96.71	2.961	0.1	0.076	0.153	0
博孜	凝析气	88.47	9.164	1.29	0.192	0.884	0
元坝	高含 H_2S 干气	74.1~92.5	0.04~2.82	0	0.07~32.5	$<$ 3	0~25.7
安岳	中含 H_2S 干气	76.9~92.8	0.04~0.07	0	4.42~15.43	0~0.11	2.11~6.80
普光	高含 H_2S 干气	72.7~77.6	0.36~0.93	0	7.23~11.8	0	13.46~14.57

2. 地层水

深层气藏地层水一般为 $CaCl_2$ 水型，pH 值为 5~7，偏弱酸性，矿化度为

（5~14）×10^{4}mg/L、最高超 20×10^{4}mg/L，Na$^+$+K$^+$ 含量介于（1~5）×10^{4}mg/L，Ca^{2+} 含量介于 2000~6000mg/L，Cl$^-$ 含量介于（3~7）×10^{4}mg/L，HCO$_3^-$ 含量介于 120~2000mg/L，SO$_4^-$ 含量介于 200~1000mg/L。具体见表 1-3。

表 1-3　国内深层气田地层水物性参数

区块	pH 值	阳离子，mg/L				阴离子，mg/L			矿化度 mg/L	水型
		Ca^{2+}	Mg^{2+}	Na$^+$	K$^+$	Cl$^-$	HCO$_3^-$	SO$_4^{2-}$		
克深 2	6.3	4095	696	32604	5350	44948	1543	668	89911	CaCl$_2$
克深 8	5.8	4969	764	40844	3644	46716	120	706	97759	CaCl$_2$
迪那 2	6.61	2146	262	18910	765	37553	449	1245	61334	CaCl$_2$
大北	5.9	5587	825	39567	5018	74621	641	677	127194	CaCl$_2$
博孜	6.3	5235	843	44601	11069	69664	809	1131	133624	CaCl$_2$
普光	9	3807	201	15703		30005	1305	283	51771	CaCl$_2$
元坝	6	6311	2112	12112		37598	2460	622	58133	CaCl$_2$

第三节　深层天然气井流动保障主要难题

深层天然气井开采过程中主要面临井筒垢、砂、蜡、水合物等固相堵塞问题，气井管柱堵塞后会造成井口油压、产气量波动、下降，对生产造成极大影响。塔里木盆地深层超深层气田探明储量全国第一（1.54×10^{12}m^3），截至 2021 年底，产量规模已超过 258×10^{8}m^3/年，占据国内天然气产量的 12.6%，每一口井都承担着保障国家能源安全的重要任务。但在近年来开采过程中，气井井筒频繁出现垢、砂、蜡、水合物严重堵塞问题，如图 1-3（a）至图 1-3（d）所示，经统计最高影响气井生产 100 余口，减少气田产量超过 30×10^{8}m^3/年，对塔里木油田天然气稳产任务造成极大挑战。

塔里木深层气田具有复杂地质条件（超深 8271m、超高温 190℃、超高压 144MPa、储层普遍裂缝发育）和复杂流体性质（天然气中 CO$_2$ 分压 ＞ 1MPa，凝析油富含蜡 5%~15%，地层水高矿化度，最高超 20×10^{4}mg/L，钙镁结垢离子近 1.0×10^{4}mg/L），井筒流动保障具有技术的高难度、领域的代表性和攻关的迫切性，对创建深层超深层气井开采井筒流动保障技术体系具有重大战略意义。

(a)垢   (b)砂

(c)蜡   (d)水合物

图 1-3 典型深层气井堵塞物现场照片

深层天然气井井筒流动保障主要面临四项技术难题。

（1）堵塞机理精确描述难。

井筒取样和样品分析是堵塞机理研究的关键，但现有取样技术只能满足井筒内油气等流体取样，对于固体堵塞物多数采用修井动管柱、通井工具带出等零星手段，现有技术不满足深层气井不动管柱、取全取准固体样品的需求。准确分析堵塞物成分、含量是堵塞机理研究的基础，目前井筒堵塞物成分分析方法无行业标准，常用岩石薄片、XRD、IR 等分析方法进行表征，但存在对无机元素、有机物组分含量等无法测定的不足，对堵塞物物质来源的综合判断产生一定影响。现有的相变模拟装置针对凝析气析蜡现象难以观测，难以解释高压凝析气井井筒结蜡现象。堵塞位置、成分和形成条件等认识不清难以制定井筒堵塞防治对策。

（2）井筒化学高效除垢难。

现有井筒结垢预测方法为结垢趋势等定性分析，不能实现井筒结垢堵塞程度分析，难以指导解堵时机确定。物理除垢技术复产率低（57.4%），酸液除垢技术效果较好，但多应用于中低温气井中，而塔里木超深层气井井底温度最高达 190℃，酸液对管材的腐蚀速率相比中低温呈指数级增长，可达 200g/（$m^2 \cdot h$），多次酸性解堵作业对管材造成的腐蚀使生产管柱强度安全余量下降。现有技术难以实现垢堵低效井高效复产。

（3）裂缝性储层精准控砂难。

塔里木深层超深层气田储层致密（基质孔隙度 6%~10%、渗透率 0.1~1mD）、岩石强度高（完整岩心单轴抗压强度 110~250MPa）、发育裂缝（裂缝密度 0.31~4 条 /m）。目前常用的出砂判断准则（声波时差法、斯伦贝谢指数法、B 指数法等经典出砂预测方法）和出砂预测模型主要基于密度、声波测井及岩心实验数据，均存在一定局限性：声波测井受限于测试半径及识别精度，无法反映远井裂缝和微裂缝对岩体强度影响；岩心实验通常选用完整岩石，也忽略了裂缝对岩体强度影响，导致该地区出砂评价结论均为不出砂，与实际开采过程中出现的大面积出砂问题（出砂井总体占比 43.9%）严重不符，无法适应深层超深层裂缝性储层出砂预测，难以制定精准的控砂生产制度。

（4）高压凝析气井连续防蜡难。

塔里木深层凝析气田井口关井压力高达 95MPa、凝析气中含蜡量 15.58%。前期借鉴国内外常用解堵工艺，先后试验小油管解堵、连续油管解堵、挤注 /循环热流体等定点定时井筒清蜡技术，清蜡作业有效期短（11~23 天）、费用高（25 万元 / 次）、风险高（周期挤注造成油管破裂引发井完整性问题，机械清蜡工具串落井），而常用的电热连续防蜡工艺主要应用于低中压油气井（井口压力 ≤ 70MPa），无法匹配塔里木深层高压气井压力现状，均无法满足深层高压气井连续性防蜡要求。博孜 1 气田生产 1 年内因蜡堵被迫关井，累计损失产量 $8.68 \times 10^8 m^3$，现有防蜡技术难以实现深层超深层气田高效开发。

（5）高压气井水合物动态预测难。

深层气井埋藏深，储层流体从井底流动至井口需要耗散大量的热量，当气井产量较低时，低流速下耗散的热量更大，导致井口温度较低，加上高压的因素使得井口极易形成水合物堵塞。不同于蜡、垢堵塞类型，水合物形成速率快，从形成水合物晶核到井筒流动通道堵塞通常只有几到几十小时，导致气井频繁停产，后果危害大，塔里木大北 3 区块水合物堵塞造成年产量损失超过 $1×10^8m^3$。目前对水合物预测研究多数基于热力学模型，只能实现定性趋势预测，难以预测管壁沉积厚度等动态预测信息。充分掌握高压气井水合物动态沉积规律，提前开展预防措施对保障气井平稳生产有重要意义。

针对深层超深层气井开采井筒堵塞机理精确描述、高压气井井筒高效除垢、裂缝性储层精准控砂、高压气井井筒连续防蜡、高压气井水合物动态预测难五项重大难题，结合库车山前高压气田高效开发的重大需求，项目团队申请并获得国家、中国石油重大科技专项支持，先后得到国家科技重大专项"塔里木盆地库车前陆冲断带油气开发示范工程"、中国石油天然气集团公司科技重大专项"塔里木油田勘探开发关键技术研究与应用"（二期）、中国石油天然气股份有限公司塔里木油田分公司科技项目"库车山前高压气田采气配套技术研究与试验"等支持，形成深层天然气井流动保障理论与技术体系，下文将按照堵塞物取样分析、砂、垢、蜡、水合物的研究进行顺序讲述。

第二章 深层天然气井堵塞物分析

深层天然气井开发过程中，普遍存在不同类型、不同程度的堵塞问题，井下堵塞物的种类和特点也是不同的。为准确判断深层天然气井堵塞物成因及成分，需进行取样分析。

第一节 深层天然气井堵塞物取样技术

一、流体取样技术

对凝析气井，为获得正确表述储层流体物理、化学性质的参数，必须进行PVT取样，即在高温、高压下取得储层的流体，再通过室内分析这些流体，得到油气的摩尔组分、双相偏差系数、衰竭式开采全过程的流体变化规律、露点压力、压力和体积关系、原始条件和露点压力下的体积系数和压缩系数、反凝析液量、反凝析压力、全相图分析等数据与资料。这些参数的获得为油气藏资源量计算、开发方案编制、优化开采方式和制定增产措施，提供了必要依据。

1. 井下取样技术

MDT即模块式电缆储层动态测试仪，MDT测试技术是斯伦贝谢公司20世纪90年代发展起来的一种裸眼井电缆储层测试技术，它能快速、直观、形象、准确地识别油气层和储层流体性质，提供储层物性参数。

MDT取样是在完井前中途测试阶段进行，此时油气井尚未试采，储层油气藏流体的性质和分布状况基本未被干扰。通过独特的稳压取样技术，能够获得有代表性的储层油气藏高压物性资料，从而有效地判断油气藏类型，确定油、气界面，为早期油藏描述和储量计算及早提供必不可少的地质参数。

常规PVT井下取样很难取得真实储层流体样品，常规PVT井下取样的成功率约40%。MDT取样则克服了储层近井地带油气藏流体条件由于试采而被影响的缺点，与常规PVT井下取样相比，MDT取样在获取有代表性饱和油气藏样品方面具有明显优势。

MDT 取样在充满钻井液的井底环境中进行，近井带附近的储层及其中的油气藏流体容易遭受钻井液伤害。钻井液对 MDT 样品油气性质的影响主要表现在两个方面：（1）油基钻井液中的有机物对油气样品的伤害；（2）钻井液中的微小固体颗粒与油样混合造成 MDT 油样代表性降低。对于钻井过程中近井底地带伤害严重的井，MDT 样品容易混入一定的钻井液滤液，有可能对地层油的密度、黏度、体积系数、气油比收缩率、压缩系数都产生不同程度的影响。

MDT 样品容易遭受钻井液伤害。如何有效地减少或避免钻井液伤害，同时定量检测出样品是否被伤害以及伤害程度，是 MDT 取样需要解决的问题。对钻井液伤害严重的 MDT 样品，建议后期继续进行常规 PVT 井下或地面取样，以获取有代表性的油气流体样品并进行对比分析。

2. 分离器取样技术

流体取样分为地面取样与井下取样。井下取样最能反映真实情况，但该方法作业难度大，实施过程危险系数较高，同时施工成本过高。由于塔里木地区油气藏地层温度压力普遍较高，对所需样品进行井下取样的难度很大。因此，推荐采取地面取样的方法分别在分离器与节流之前二级管汇处取油、气、水样品，并通过井流物复配还原地层流体，通过复配的井流物来完成相关实验，如图 2-1 所示。取样条件要求分离器温度必须高于凝析油析蜡点。

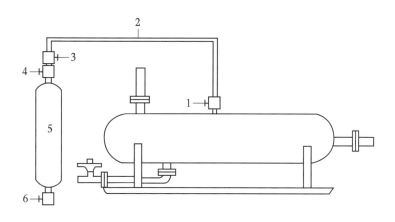

图 2-1　分离器气体取样流程图

1—取气阀；2—耐压软管；3—三通阀；4—取样瓶上阀；5—取样瓶；6—取样瓶下阀

采用分离器取样方法。取样前，必须精确测定气油比（由现场生产单位进行）。

当油井处于稳定流动条件下，可以认为从井底流入井筒的流体与从井筒流入分离器中的流体成分是相同的。只要精确地测出气油比，取得分离器中稳定的油样和气样，按气油比配制，就可以得到有代表性的油层流体样品。样品取自第一级分离器，油样和气样均取两支以上，并尽可能在 2h 之内取得。

取气样：取样点应选择在分离器中气相较为稳定的地方，取得的气样不能带有雾状液体。取气样可以在分离器顶部出气端、分离器压力表接头处、出气管线取样阀处和测量玻璃管顶端等部位进行。

抽空取气法：使用此法时现场应有抽空设备或在实验室事先把取样瓶抽空。取样时，按下列步骤进行：（1）选择分离器取气样点，检查阀门是否灵活、好用，清除阀上污物。（2）用干净耐压软管连接取样阀和三通阀。（3）清洗充填软管。先打开取气阀，然后打开三通阀，用气冲洗软管。冲洗量约为软管容积 5 倍以上。冲洗后关紧三通阀。（4）慢慢打开取样瓶上阀，给取样瓶灌气。待取样瓶内压力与分离器压力达到平衡后，关闭所有阀，拆掉取样瓶连接软管，换另一个取样瓶取样。（5）取完样的取样瓶要进行严格的漏失检查。

取液样：取样点应选在分离器中液体较为稳定而不带游离气泡的地方，如分离器底部含液端、分离器至流量计间（管线必须有较高的压力）和测量玻璃管底部。如用水柱量油时，则应把水放干净才能取样。分离器流体取样流程如图 2-2 所示。

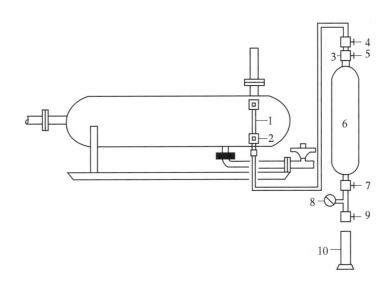

图 2-2　分离器液体取样流程图

1—测量玻璃管；2—玻璃管下阀；3—耐压软管；4—三通阀；5—取样瓶上阀；6—取样瓶；

7—取样瓶下阀；8—压力表；9—排液阀；10—量筒

排液取液法：取样瓶先充满与油不混溶的液体（一般为饱和盐水）。用耐压软管接到玻璃管下阀和三通阀上，为了更好地控制回压，在取样瓶下阀和排液阀之间接一压力表，出口处放一个量筒或杯子，以便计量排出预置液体积。取样前，先用分离器油充满软管至三通阀，然后微开此阀，待三倍软管体积的油量被放出后，关三通阀。取样时，将取样瓶上阀完全打开，再打开取样瓶下阀，此时压力表升至分离器压力。然后微开排液阀，在最小的压降下放预置液于量筒中。待放出 90% 体积的预置液后，关闭排液阀，再关闭取样瓶下阀和取样瓶上阀。取完样后，再把剩余 10% 的预置液放出，便可形成气帽。

二、固体取样技术

目前井筒油气水等流体取样技术较为成熟，斯伦贝谢公司的 MDT 取样技术、英国 PROSERV 公司生产的 SPS、PDS 取样器，可实现真实井下条件油气样品的获取。国内辽河油田、中原油田也研发相似原理的耐高温、抗硫型取样器，但对于井筒堵塞物固体取样技术目前研究较少，现场常使用修井动管柱作业、通井工具零星带出、井口放喷带出等方法获取，存在费用高、取样量少、代表性差等不足，2016 年姜明等研发了一款抗硫型井下取垢工具，实现 150℃、70MPa 条件取样能力，但限于单一井深取样且最大取样量小于 1L。

行业常用的井下取样工具只适用于油气水等流体取样，井下固体取样无成熟技术。不能满足深层气井不动管柱、取全取准堵塞物样品的需求。针对此问题，发展了深层超深层气井连续油管工艺，创新了连续油管疏通返排精密取样方法，实现了 7000m、井口压力 90MPa 的不动管柱全井筒堵塞物精准取样。

取全取准深层超深层气井全井筒堵塞物，重要的是设计合适的取样方法，根据连续油管疏通返排过程中井口悬重的变化，判断井筒堵塞程度，制定合理的取样频率，实现全井筒精密高效取样。

经过对 10 余口气井取样过程分析和判断，总结出一套连续油管疏通返排精密取样方法，取样方法示意图如图 2-3 所示。

1. 轻微堵塞井段取样

连续油管遇阻期间（连续油管钻压不大于 5kN 且在连续油管钻压许可范围内，射流冲洗可通过）堵塞井段不大于 2m，在钻遇下一堵塞井段前视为轻微堵塞井段，期间砂筒压力无异常情况下可不提砂筒。若钻遇下一堵塞井段，需上提冲洗头，循环 2 周以上，使遇阻位置以上井筒堵塞物全部循环到砂桶内，调换砂桶，取出堵塞物。记录堵塞物井段位置、取样时间、堵塞物质量、堵塞物外观等信息。

2. 严重堵塞井段取样

连续油管遇阻期间（连续油管钻压大于 5kN 且在连续油管钻压许可范围内，射流冲洗可通过）堵塞井段大于 2m，视为严重堵塞井段，每 30m 取样 1 次（不足 30m 按 30m 计，也可根据现场实际需求按照轻微堵塞井段取样要求处理），每冲洗或钻磨完 30m 时，上提冲洗头或磨铣，循环 2 周以上，使钻磨的井筒堵塞物全部循环到砂桶内，调换砂桶，取出堵塞物。

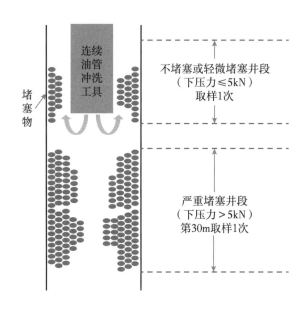

图 2-3　井筒堵塞物精密取样方法

3. 井筒堵塞情况

通过精细控制 10 井次现场取样，明确了井筒堵塞类型为局部堵塞，主要集中在井下节流（油管缩径）处。井筒顶部和底部主要为砂堵，井筒中间为垢堵，井下节流处堵塞相对严重，如图 2-4 所示。连续油管下放至井筒内某深度处悬重呈现 5~25kN 突降，表明该处有井筒堵塞现象，且井筒深部悬重下降越多，井筒堵塞越严重。克深 2 气田实际作业期间，大部分井段连续油管下放正常，明确了井筒堵塞物主要分布在局部井段，并且通过统计分析，堵塞物总量一般小于 30L。

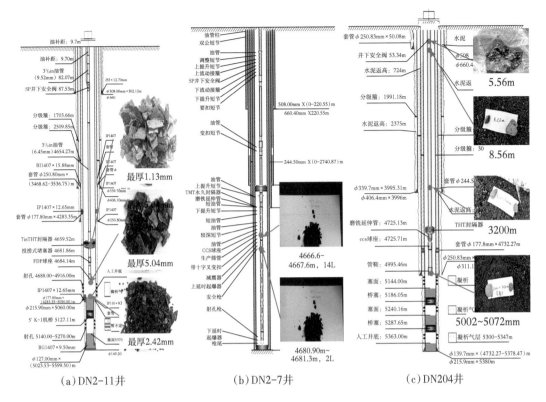

图 2-4　井筒堵塞位置、堵塞厚度及堵塞物特征对比图

第二节　深层天然气井堵塞物分析方法

堵塞物成分是堵塞机理研究和堵塞条件分析的重要基础，更是堵塞防治技术攻关研究的指导方向。对于堵塞物成分类型，从来源上分类，可分为地层物质和入井材料两大类，常见的有地层岩石、垢、蜡、沥青质、加重剂材料、堵漏材料、管材腐蚀产物、有机药剂反应产物等。

一、常规分析方法

（1）岩石薄片分析。

岩石薄片分析即是通过显微镜鉴定岩石薄片的颗粒类别、粒度、孔隙度、颗粒形态结构、填隙物等，其测试分析结果是进行储层岩石学特征及沉积特征研究的基础。显微镜下人工鉴定岩石薄片既费时费力又易受主观因素影响，其鉴定精度多为定性—半定量。将发展成熟的计算机图像处理技术结合机器学习算法用于薄片图像的特征提取与分析，以提高分析鉴定效率的方法，已经被诸多实践证实有效。针对岩石薄片矿物颗粒类别划分识别问题，研究人员多聚焦于基于薄片图像颜色特征与纹理特征的描述方法，如图 2-5 所示。

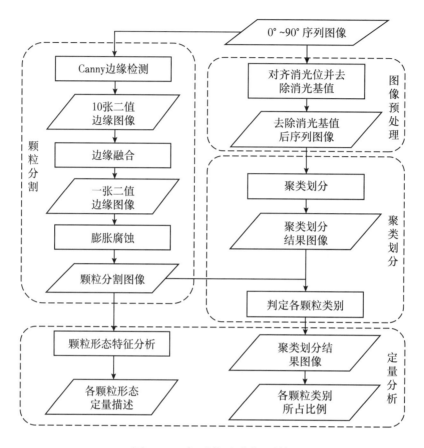

图 2-5　岩石薄片分析系统

（2）堵塞物中油溶组分的分离及分析。

将堵塞物过滤，收集滤渣并置于 100mL 的小烧杯中，加入约 50mL 沸程为 60~90℃的分析纯石油醚，充分搅拌后用布氏漏斗抽滤，收集固体不溶物，按同样的方法分别用石油醚、二甲苯将残余物洗至滤液基本无色，最后再用丙酮洗涤两次，合并滤液，并将残余物置于烘箱中于 105℃下烘干，称重，记录。然后采用减压蒸馏的方法将滤液中的石油醚、二甲苯和丙酮等易挥发组分除去，剩余的物质（油溶性组分）留样进行红外光谱分析。

（3）堵塞物中水溶组分的分离及分析。

将上述（2）中干燥后的残余物加入到约 50mL 去离子水中，充分搅拌后用布氏漏斗抽滤，重复两次，合并滤液。最后将不溶的残余物置于烘箱中于 105℃下烘干，称重，记录。然后采用减压蒸馏的方法将滤液中的水分去除，剩余的物质（水溶性组分）留样进行红外光谱分析，最终不溶于油相也不溶于水相的残余物（不溶性组分）烘干后进行 X 射线衍射分析。

二、精细分析方法

堵塞物成分来源广泛、类型众多，对于油气井堵塞物成分分析方法，目前未形成行业标准。传统方法采用岩石薄片分析，但只适用于地层岩石矿物，对于有机物等堵塞物分析能力不足。后来行业发展了"X 衍射分析 + 能谱分析 + 红外光谱"分析方法，基本能实现无机、有机类型鉴定。X 衍射分析基本能实现无机组分和含量的测定，但受检测仪器测量精度、分析软件解释库差异等限制，不同检测机构测定的结果会存在一定差异。能谱分析能实现元素分析，但只限于物质表面某一区域，不能实现样品元素的整体分析。红外光谱分析方法主要测定有机类堵塞物特征官能团，对于入井化学添加剂的测定较为适用，对蜡、沥青质等地层产生的有机物组分较为困难。

针对目前常用方法不足，借助宏观、微观等多种分析手段，制定一套堵塞物精细分析方法，实现井筒堵塞物成分的精确测定，可分为四步完成：

第一步：将堵塞物样品恒温烘干，测定游离水含量。

第二步：样品有机、无机成分分离。一般有机物为黏稠状块状，无机质为粉末、颗粒或块状，可通过肉眼观察进行物理分离；若不好物理分离可先取出少量有机质堵塞物，进行有机质分析留存备用，剩余样品使用丙酮浸泡和高温马弗炉灰化除去有机质，处理后样品进行无机质分析留存备用。测定有机物、无机物所占含量，明确井筒主要堵塞物类型。

第三步：无机质分析。采用"X 衍射 + 酸溶蚀 + 能谱分析 + 荧光光谱"分析方法，其中 X 衍射分析作为主体分析手段对堵塞物中垢、岩石等晶体类型进行测定；并在此基础上增加酸溶蚀、能谱分析、X 射线荧光光谱等多种辅助分析方法，进一步分别确定堵塞物中可酸溶物的含量、表面和整体元素含量，用于与 X 射线衍射的结果进行对比，进一步印证堵塞物成分，避免了采用单一方法进行堵塞物成分分析误差大的问题。

第四步：有机质分析。采用"原油四组分 + 丙酮浸泡 + 气相色谱—质谱联用 + 红外光谱"分析方法，其中原油四组分分析方法用于堵塞物中饱和烃、芳香烃、胶质、沥青质四种主要成分的测定，明确有机物的主要类型；若以饱和烃为主，进行气相色谱—质谱测定，进一步确定堵塞物成分和类型；若为非原油四组分，进行红外光谱分析，根据特征官能团并结合入井化学药剂情况，判断有机堵塞物来源。

精细堵塞物成分分析方法、流程如图 2-6 所示。

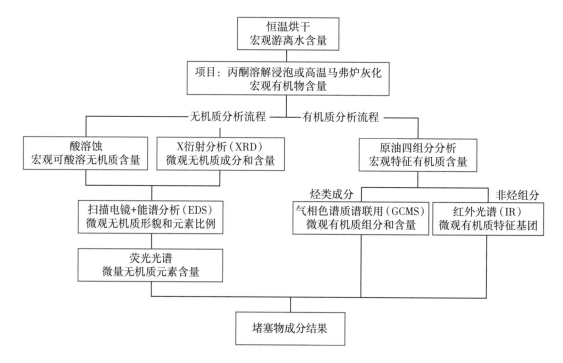

图 2-6　堵塞物精细分析方法流程图

第三节　深层气井堵塞特征及治理对策

针对库车山前高温高压气井因井筒堵塞严重制约了单井产量的问题，通过堵塞严重井井筒精细取样，明确井筒堵塞主要发生在井下缩径节流处，堵塞物总量一般少于30L，堵塞物成分分析结果表明以垢堵为主。

库车山前主要有迪那2、克深、大北等主力气田，这些气田具有储层埋藏深（5000~8038m）、温度高（120~190℃）、地层压力高（105~136MPa）、井下作业难度大的特点。近年来，随着迪那2、克深气田的高效开发，单井井筒堵塞等问题逐步显现，克深气田克深2区块，超过50%的气井存在井筒堵塞问题；迪那2气田80%以上的井存在井筒堵塞问题，严重堵塞井油压、产气量下降超过一半，甚至关井停产，对气田稳产造成很大困难。

通过烘干称重、X射线衍射、酸溶蚀、气相色谱等分析方法，定性定量分析井筒堵塞物成分及比例。克深气田井筒堵塞井连续油管疏通取样分析表明：堵塞物以垢为主，井完整性好的井堵塞物中垢样以 $CaCO_3$ 为主，油套连通（油管断裂）井堵塞物中垢样以 $CaCO_3$ 和 $Ca_3（PO_4）_2$ 为主，占 52%~72%；迪那 2 气田井筒堵塞井连续油管疏通取样分析表明：堵塞物以 $CaSO_4$、$CaCO_3$ 结垢为主，占 60.1%~90%。通过全井筒精细取样分析，明确了迪那、克深气田井筒堵塞物主要成分以垢为主，且地层砂含量＜ 30%（江同文，2020），如图 2-7 和图 2-8 所示。

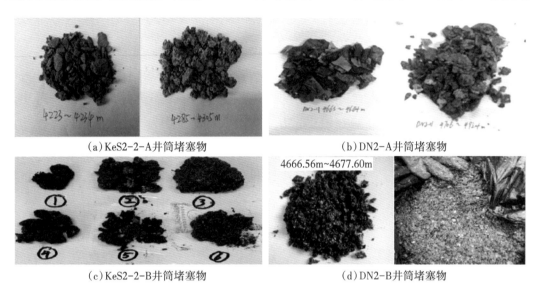

（a）KeS2-2-A井筒堵塞物　　　　　　（b）DN2-A井筒堵塞物

（c）KeS2-2-B井筒堵塞物　　　　　　（d）DN2-B井筒堵塞物

图 2-7　井筒返排堵塞物样品

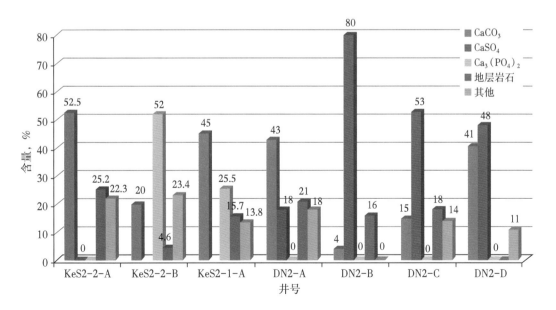

图 2-8　井筒堵塞物成分分析结果

一、克深气田复合堵塞特征

针对克深气田气井井筒堵塞现状，结合单井生产动态特征、现场解堵情况、井筒返出物系统分析，认为造成气井井筒堵塞的主要堵塞物为垢和砂，堵塞模式分为垢堵、砂堵和砂垢混合堵 3 种模式（聂延波，2019）。

克深气田是塔里木盆地库车坳陷克拉苏构造带上的一个超深超高压裂缝性致密砂岩气田，产层白垩系巴什基奇克组埋深为 6000~7500m，原始压力系数为 1.7~1.9，气藏温度为 160~170°C。主力区块于 2011 年 10 月投产，2013 年 8 月出现单井井筒堵塞现象。随着开发的逐步深入，井筒堵塞现象越来越严重，截至 2018 年 11 月，47 口生产井中，出现井筒堵塞异常现象的井共 28 口，占比为 59.57%，损失无阻流量为 3336×10⁴m³/d，占比达 43.96%。自 2011 年 10 月投产以来，在生产过程中在井口取到堵塞样品，如图 2-9 所示。分析化验堵塞物成分结果分 3 类：一类以钙质、铁质及其他酸溶性物质为主；二类以地层砂为主；三类以钙质、铁质和其他酸溶性物质与一定量的地层砂混合物为主。

（a）油嘴堵塞物，地层砂，
克深A-16井

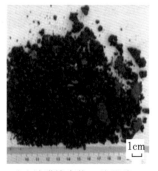
（b）油嘴堵塞物，地层砂，
克深F-1井

（c）油嘴堵塞物，地层砂，
克深C-16井

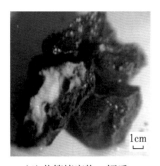
（d）井筒堵塞物，钙质、
铁质为主，克深A-20井

（e）井筒堵塞物，钙质、
铁质和地层砂，克深A-9井

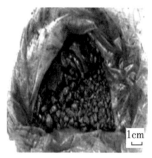
（f）井筒堵塞物，
地层砂为主，克深A-4井

图 2-9　克深气田气井油嘴前、井筒塞物样品

从克深气田单井井筒中取出的堵塞物成分分析结果发现，部分井井筒堵塞物中垢（酸溶物）含量比例占 35%~90%，这说明井筒结垢是造成井筒堵塞的重要影响因素。垢的组分中主要以碳酸钙、磷酸钙和含铁化合物为主。克深气田属于干气气藏，甲烷含量 96.60%~98.30%，二氧化碳含量 0.664%~1.110%，平均 0.891%。当流体从高压地层流向低压井筒时，二氧化碳分压下降，地层水组分改变，为结垢提供 CO_3^{2-}。同时克深气田地层水中 Ca^{2+} 含量 2220~13220mg/L，Mg^{2+} 含量 163~3972mg/L，Ca^{2+}、Mg^{2+} 等离子含量大，为结垢提供了充足的阳离子，因此，在井筒温度场、压力场合适的条件下，可形成大量的碳酸盐垢块，环空保护液中含有大量的磷酸钾，提供了足够的磷酸根，当油管渗漏或者破裂后，大量磷酸根进入井筒与地层水混合后，可产生磷酸钙等磷酸盐垢。而分析后发现井筒堵塞物中的含铁化合物来源于油管腐蚀，详见表 2-1。

表 2-1　克深气田井口和井筒堵塞物成分

类别	井名	取样位置 m	盐酸可溶物，%						盐酸不溶物，%		有机物，%
			$CaCO_3$ $MgCO_3$	$CaSO_4$	（羟基）磷酸钙	NaCl KCl	甲酸钠	含铁化合物	地层岩石	$BaSO_4$	
井口堵塞	克深 A-16 井	油嘴	13.7	3.0	0	0	0	2.1	81.2	0	0
	克深 C-16 井	油嘴	0	0	0	0	0	1.0	99.0	0	0
	克深 F-1 井	油嘴	5.2	0	0	0	0	8.9	21.5	38.4	26.0
	克深 F-1 井	油嘴	7.0	0	0	0	0	0	64.0	29.0	0
井筒堵塞	克深 A-9 井	0~6578	18.0	0	0	5.0	0	58.6	18.4	0	0
	克深 A-20 井	4085~4305	42.5	0	0	17.8	0	13.3	25.2	0	1.3
	克深 A-13 井	3020~3053	0	0	52.0	15.7	0	21.2	4.6	1.5	0
	克深 A-5 井	0~2674	0	0	25.5	0	0	58.8	15.7	0	0
	克深 E-1 井	5357~6200	6.7	0	0	4.3	0	9.4	63.8	11.2	4.6
	克深 D-1 井	6266~6526	22.6	0	0	0	0	25.5	23.3	28.6	0
	克深 A-4 井	0~6578	1.4	0	0	0	7.7	32.6	47.7	9.4	2.7
	克深 A-12 井	6206~6577	0.2	0	0	0	0	38.0	20.5	41.3	0

二、迪那 2 气田复合堵塞特征

塔里木盆地迪那 2 气田出现了不同程度的井筒堵塞问题，开展了井筒堵塞物化验分析，明确了堵塞物类型为地层砂＋垢＋铁屑。前期在井口取得少量地层砂样，并且油嘴存在冲蚀现象，初步判断地层出砂造成了井筒堵塞。后来在连续油管冲砂及修井过程中取得井筒堵塞物，化验分析后发现了垢及其他物质成分。因此，迪那2气田井筒堵塞是多因素造成的（魏军会，2018）。

DN2-D井井筒堵塞后，采用连续油管钻磨冲砂至井深4687m，冲砂返出物呈现两种形态：一种是灰白色片状；另一种为颗粒及粉末状（图2-10）。取两种形态的井筒堵塞物进行了溶解实验，分析堵塞物成分见表2-2。取井筒堵塞物样品3份，进行X射线衍射实验分析。实验结果表明，堵塞物的主要成分是碳酸盐岩（菱铁矿，方解石、文石等），含有地层砂和铁腐蚀物。

图2-10　DN2-D井连续油管冲砂返出物照片

表2-2　井筒堵塞物X射线衍射定量分析结果表

样品	矿物含量，%													
	石英	钾长石	斜长石	方解石	文石	菱铁矿	菱镁矿	黄铁矿	赤铁矿	重晶石	无水芒硝	硬水铝石	白铁矿	黏土矿物
堵塞物1	22.6	4.3	11.7	23.4	9.7	12.8			3.7		4.7		2.5	3.6
堵塞物2	0.6	0.5		13.2	13.4	13.0	8.5		24.2			24.4		2.2
堵塞物3	1.2				36.3	16.4	14.7	30.5						0.9

迪那2气田大部分井采用筛管完井管柱，筛管孔眼直径3mm。统计数据发现，筛管完井管柱更加容易发生堵塞。修井作业发现，筛管孔眼被砂粒堵

死，筛管表面附着一层垢样，如图 2-11 所示。

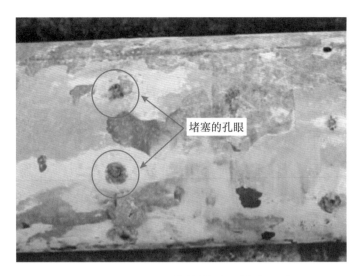

图 2-11　DN2-G 井筛管孔眼堵塞照片

　　针对迪那 2 气田井筒堵塞问题，根据井口异物、生产管柱堵塞物化学成分，认为井筒堵塞物主要来源有 3 种，分别为地层砂、一定环境下结晶的碳酸盐垢和有机物（吴燕，2019）。

　　迪那 2 气田为块状底水裂缝发育的凝析气田，原始地层压力 105.89MPa、温度 139℃，总体上属于低孔隙度、低渗透和特低渗透碎屑岩储层，目的层苏维依组中深 5046.16m、库姆格列木群中深 5253.15m，碎屑组分以石英为主，其次为岩屑，长石含量低，胶结物以方解石类为主，如图 2-12 所示。

图 2-12　措施作业中井内获取的异物

　　由化学成分可知异物中主要包括地层砂、碳酸盐垢和有机物。碳酸钙形成受环境影响较大，原理类似钟乳石的形成。迪那 2 气田目前水气比为 $0.1m^3/10^4m^3$，氯根 $1.0×10^4mg/L$，储层中存在水相流动；二氧化碳平均含量

0.5%、初始分压 0.5MPa，含量、分压较高；岩石胶结物以碳酸钙为主。在储层中碳酸钙、液相水和液相水中的二氧化碳反应生成碳酸氢钙；同时，受液相水中其他离子影响，液相水中碳酸钙本身就有一定的溶解度。在井筒中，尤其是井筒下部堵塞节流后，压力下降明显，导致液相水蒸发、二氧化碳分压下降致使液相水中二氧化碳含量下降，促使碳酸氢钙分解为碳酸钙、二氧化碳和水，形成碳酸钙沉淀。从井筒中天然气水蒸气含量变化典型曲线（图 2-13）可知，在井筒下部，主要受压力下降的影响，液相水蒸发，天然气水蒸气含量升高；从水中 3 种碳酸离子的比例可见，随着水中二氧化碳溶解度下降、pH 值升高，碳酸氢根比例逐步下降，碳酸根比例逐步上升；同时，堵塞节流引起的温度下降会让碳酸钙的溶解度下降，原本就溶在液相中的碳酸钙析出。两者的综合作用，最终促使碳酸钙逐步结晶堆积堵塞管柱，如图 2-14 所示。

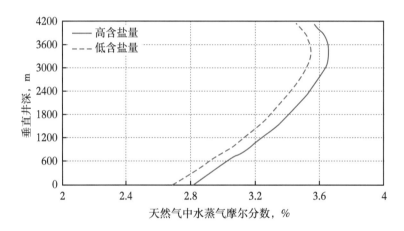

图 2-13　井筒中天然气水蒸气含量变化典型曲线

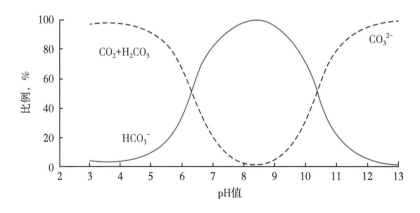

图 2-14　水中各种碳酸化合物相对含量与 pH 值的关系

通过对结垢不相容离子的来源及在堵塞井筒后井筒内热力学、动力学条件变化的分析，研究了影响迪那 2 气井井筒结垢的因素。迪那 2 气井内结垢以碳酸钙和硫酸钙为主，部分可流动的束缚水、近井带析出的凝析水以及地层出砂后其中赋存的束缚水对储层胶结物的部分溶解为垢质的生成提供了不相容离子；钻完井液返排率低和未实施清洁完井工艺污染井筒，地层砂堵塞井筒均为垢质结晶析出创造条件；井筒堵塞造成井筒内动力学条件的变化促进了垢质的进一步"生长"（廖发明，2019）。

迪那 2 气井目的层钻进中单井漏失钻井液范围 3.6~3983.9m³，平均单井漏失量 776.7m³，完井改造单井平均挤入地层酸化压裂液 383.1m³，试油期间单井平均返排量 166.1m³。试油后至投产前关井 37~1856d。入井液量大、完井后返排率低及关井时间长，钻井液中固相颗粒及储层改造液自地层中携带的细粒颗粒附着于井壁造成井筒污染，成为垢质生成的结晶中心。

迪那 2 气井采用三类完井方式。第一类是先射孔后下入全通径完井管柱，共 7 口井；第二类是采用射孔—改造—完井一体化管柱，射孔后没有丢枪，通过射孔枪串以上 1~3 根筛管建立流通通道，筛管孔眼直径 3mm，共 15 口井；第三类是采用分段酸化压裂管柱，共 3 口井。井筒堵塞严重的井主要为采用射孔—改造—完井一体化管柱，地层出砂后在筛管外环空聚集形成节流，井筒内流体的热力学和动力学条件持续发生变化，并随着地层持续出砂和井筒不断结垢堵塞逐步加剧，井口表现为油压和产量持续波动下降（图 2-15）。堵塞位置之上因节流压力、温度下降，堵塞位置之下压力上升，均不利于垢质的形成，因此分析热力学条件的变化并不是钙盐结垢的主要因素。井筒内流体流速在持续波动中总体呈下降趋势，是垢质在井壁或堵塞的地层砂表面持续"生长"主要原因。

针对塔里木油田迪那高温高压凝析气藏的 25 口生产井中有 19 口井存在井筒结垢堵塞的问题。通过对井筒精确分段取样、室内测试、结垢原因分析及除垢措施研究，明确了井筒结垢主要集中在井筒变径的局部位置；凝析水结垢主要是生产过程中部分束缚水转变为可流动地层水，部分充填物的溶解提供了矿物离子，井筒变径位置的涡流作用引起流场、流态和相态变化，导致液体的聚集和再蒸发，从而产生结垢（盐析）。迪那 2 气藏是高温、高压凝析气藏，绝大部分生产井只是产少量的凝析水，现场测量的水气比约 0.09m³/10⁴m³，未大量产地层水，但 76% 的生产井出现了井筒垢堵（姚茂堂，2020）。

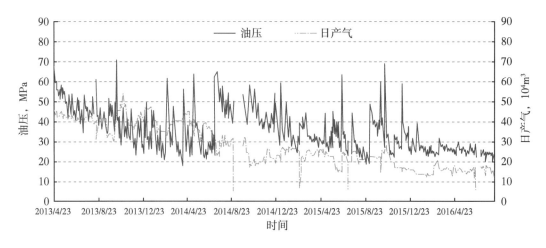

图 2-15　DN2-E 井出砂后油压、产量变化曲线

现场堵塞物取样照片如图 2-16 所示，通过"宏观＋微观"的分析方法，利用盐酸溶蚀率定性确定酸溶物和酸不溶物的含量，X 衍射定量分析样品的组分及含量，分析结果见表 2-3。

| （a）4603~4674m 井段 | （b）4674~4698m 井段 | （c）4698~4926m 井段 |

图 2-16　迪那 A 井不同井段堵塞物样品

井筒结垢分布规律：根据 2 口精确分段取样井的分析研究，2 口井都是在井筒变径最大的位置堵塞严重，其他位置不堵塞或仅轻微堵塞。2 口井变径最大的位置都是球座，即储层流体从生产套管进入油管的端口，生产套管内径：油管内径约为 5:2。球座附近的堵塞物主要为无机垢 $CaSO_4$ 和 $CaCO_3$，质量分数为 59%~87%；球座附近的结垢量最多，占整个井筒结垢量的 68.4%~87%；球座附近结垢的厚度最厚（4.06~5.04mm），其他位置为 1.13~3.46mm。

表 2-3 迪那 A 井和迪那 B 井的堵塞物成分分析

井号	深度 m	酸溶蚀率 %	ω（CaCO$_3$）%	ω（CaSO$_4$）%	ω（地层 岩石），%	ω（NaCl）%	ω（BaSO$_4$）%
迪那 A 井	4603~4764	75	44.0	15.5	29.5	16.0	0.0
	4764~4698	79	42.0	17.0	20.0	21.0	0.0
	4698~4926	72	38.5	24.0	22.5	11.0	4.0
迪那 B 井	4666~4682	39	4.0	80.0	16.0	0.0	0.0
	4682~5010	41	6.0	81.0	13.0	0.0	0.0

三、博大区块复合堵塞特征

含蜡气井主要分布在博孜、大北、牙哈、柯克亚区块，博孜 1 区块 4 口试采井（博孜 1JS、博孜 101、博孜 102、博孜 104 井）前期清蜡措施情况见表 2-4，目前仅博孜 102 井开井生产，前期使用机械清蜡、挤注热流体等预防治理措施，均无法满足长期平稳生产的需求。

表 2-4 博孜区块单井状况

井号	解堵作业类型	效果	备注
博孜 1	小油管解堵（作业 19d）	解堵后维持生产 23d	至今关井
	连续油管解堵（作业 4d）	解堵后维持生产 34d	
	井口正挤 85℃ 有机盐解堵（作业 8d）	解堵失败	
博孜 101	井口正挤 50℃ 乙二醇 + 溶蜡剂（1d）	解堵成功，生产 11d	2014 年 7 月 28 日投产，初期油压 43.48MPa，产气量 16×10^{4}m^3/d，生产 22d 后因蜡堵关井，因机械清蜡，清蜡工具掉落，井下安全阀失效，至今关井
博孜 102	井口间歇正挤 80℃ 有机盐（10 次）	维持生产 106d，油套连通后停止	2014 年 11 月 30 日投产，初期油压 34MPa，产气量 10×10^{4}m^3/d，因蜡堵进行清蜡作业，经分析堵塞的主要原因是凝析油中蜡含量高，随着温度的降低在油管内析出
	环空注 80℃ 热流体（有机盐、轻质油）循环热洗生产（48d）	维持生产 33d（除去现场停电导致井筒堵塞，解除堵塞耗时 15d）	
博孜 1JS			2013 年 7 月 14 日投产，初期油压 55.4MPa，产气量 21.25×10^{4}m^3/d，仅生产了 9d 后因蜡堵关井

2012年至今，博大区块发生井筒结蜡堵塞，导致安全生产难度巨大，严重影响了天然气稳定供给。

大北 2 井投产后因井筒堵塞导致油压产量持续波动下降，2012 年 9 月检修采气树，有乳黄色蜡状物，清蜡至 4040m 遇阻，2016 年 9 月检查油嘴，发现疑似蜡及水合物混合物。2016 年 12 月 31 日因油压过低关井，关井前油压 12.6MPa，日产气 $7.3\times10^4m^3$，日产油 1.46t。

博孜 102 井于 2014 年 11 月 30 日投产，第一阶段试采 235 天，日均产气 $11.08\times10^4m^3$，累计产气 $0.26\times10^8m^3$，日均产油 9.06t，累计产油 2120.9t，投产初期气油比 11000~12000m^3/m^3。2015 年 4 月 4 日开始由于结蜡关井热洗＋间开生产，洗井周期 10d，清洗效果较好，直至 7 月 22 日油套连通关井；在关井检查油嘴时，发现油嘴被蜡和水合物堵死，如图 2-17 所示。

图 2-17　博孜 102 井堵塞物

四、治理对策

塔里木油田开展高压气井堵塞机理研究后，早期的井口取得堵塞物以砂为主。应用放喷排砂、连续油管疏通等解堵工艺后，仍然存在效率低、产能恢复率低等问题。塔里木油田联合国内科研机构、高校等开展堵塞机理研究，明确了高压气井"垢砂复合堵，以垢为主"的堵塞特征，揭示了高温下流动压降结垢机理，建立了结垢热力学预测模型，指出井筒底部和井周储层为结垢高风险区域，并以此制定出"化学除垢先行，井筒排砂"的总体治理方案。创新形成井筒堵塞程度预测方法，实现解堵时机科学预测。基于人工神经网络模型，形成了一套基于 DI 指数的高压气井生产流动状态评价方法，实现了气井解堵时机科学预测，避免依赖经验判断导致"过早影响效果，过晚增加成本"。

博孜、大北、神木等区块的高压气井试验机械清蜡，有效期短，风险高；采用连续油管解堵或从井口挤注溶蜡剂、有机盐、热流体等方式解堵，有效期短；通过压裂方式提高产量进而提高井口温度实现防蜡效果，整体效果较好，但是提产效果不能完全保证，后期面临降产降温；化学注入阀及连续管缆电加热取得了一定的清防蜡效果，但现场总体应用较少。

围绕"堵塞物高溶垢率，管材低腐蚀率"目标，经过多年攻关，塔里木油田研发优化形成了 2 套酸性和 1 套非酸性解堵剂体系，其具有 180℃ 耐高温和溶垢率高、管材腐蚀率低等优点。特别是非酸性解堵液体系，基本实现管柱零腐蚀，极大地降低气井生命周期内多次解堵作业对管柱的腐蚀伤害。4 年来，应用有效率达 93.3%，平均单井解堵后无阻流量提升 2.3 倍。配套 6 项系统解堵工艺，实现解堵效果长期有效。基于高压气井结垢范围认识，技术人员探索出一套"井筒＋井周"系统解堵设计方法，科学设计解堵注入程序和规模，实现气井除垢完全，平均单井解堵有效期从 9.5 个月增至 25 个月，降低了解堵频次，保障了气井长期生产能力，提升了西气东输和南疆各地民众用气资源调峰能力。

第三章 深层裂缝性储层出砂防治技术

塔里木油田库车山前目前主要有 5 大主力产区，分别为克拉、克深、迪那 2、博孜和大北。最近 5 年，除克拉以外其他区块均不同程度发现地层出砂问题，最严重的区块出砂井占比高达 75%。一旦出砂后，将带来井口油嘴冲蚀被破坏、井筒砂堵后产量油压波动下降的问题，严重阻碍尤其是克深、迪那区块的平稳开发。前期采用出砂预测经验方法对这些区块开展出砂预测，均认为地层无出砂风险，与现场实际不符。为系统解决砂带来的系列问题，就此开展出砂防治研究，以期解决库车山前出砂困扰，目前已取得一定效果。

第一节 深层裂缝性气井出砂机理

一、出砂影响因素

1. 地质因素

（1）地应力变化。

砂岩油层在钻井前处于应力平衡状态（垂向应力大小取决于油气层埋藏深度和上覆岩石平均密度；水平应力大小除了与油气层埋藏深度有关外，还与油层构造形成条件及岩石力学性质和油气层孔隙中的压力有关）。钻开油气层后，井壁附近岩石的原始应力平衡状态遭到破坏，造成井壁附近岩石的应力集中，容易引起井壁附近岩石就变形和破坏，从而导致生产过程中油层的出砂，甚至井壁坍塌（万仁溥等，1991）。

（2）岩石颗粒胶结强度。

油气层出砂与岩石胶结物种类、数量和胶结方式有着密切的关系。通常砂岩的胶结物主要有黏土、碳酸盐和硅质、铁质三种，其中硅质和铁质胶结物的胶结强度最大，碳酸盐胶结物次之，黏土胶结物最差。对于同一类型的胶结物，其数量越多，胶结强度越大。砂岩的胶结方式主要有三种：一是基底胶结，岩石的颗粒完全浸没于胶结物中，胶结的强度最大；二是孔隙胶结，胶结物分布于岩石颗粒之间，胶结强度次之；三是接触胶结，胶结物只分布于岩石颗粒表面相接触的地方，其胶结强度最低。容易出砂的油层岩石主要以接触胶结方式为主，其胶结物数量少，而且其中往往含有较多的黏土胶结物。

（3）渗透率。

渗透率的高低是油层岩石颗粒组成、孔隙结构和孔隙度等岩石物理属性的综合反应。实验和生产实践证明，当其他条件相同时，油层的渗透率越高，其胶结强度越低，油层越容易出砂。

（4）地层流体。

岩石的固结力还包括地层流体与颗粒之间的毛细管作用力。其他条件相同情况下，含油饱和度越高，则胶结越好，反之含油饱和度低，则胶结程度下降。这是因为油相颗粒界面张力较大的缘故。当然原油黏度也对胶结强度产生影响（Dusseault，M.B. 等，1998），稠油的毛细管作用力小于稀油。此外，毛细管作用力大小还受颗粒表面润湿性的影响（Tronvoll 等，1997）。若强亲水，则易与水牢固结合，内聚力就增加。原油黏度越大，在流向井底的过程中对岩石颗粒的拖拽力就越大，地层出砂的可能性就越大（Geilikman，M. B. 等，1997），这也是大多数稠油油藏易出砂的原因。

2. 完井因素

（1）固井质量。

由于固井质量差，使得套管外水泥环和井壁岩石没有固结在一起，在生产中形成高低压层的串通，使井壁岩石不断受到冲刷，黏土夹层膨胀，岩石胶结遭到破坏，导致油气井出砂。

（2）弹孔孔道充填物对出砂的影响。

弹孔孔径与弹孔内充填物的渗透率对流动阻力的影响很大。其中充填物渗透率直接影响弹孔压降，压降随着渗透率的增高而减小，若弹孔畅通无阻，此时渗流阻力为最小；反之，随着弹孔内渗透率的降低，压降增大，阻力也随之增大。由于地层射孔后，碎屑和地层微粒等对弹孔的堵塞不可避免，必然导致流体流动阻力的增大。而生产压差中的绝大部分（约占80%）由弹孔压降所组成，因而通过采取负压射孔工艺及弹孔清洗工艺等有效措施清除弹孔堵塞就显得至关重要，这是减缓地层出砂必不可少的环节（不采取防砂措施的情况下）。即使采取了防砂措施，弹孔内的疏通也同样重要，可以补挤入具有极高渗透率的砾石于弹孔内作为充填材料，以此来提高防砂成功率。

（3）射孔参数对地层出砂的影响。

弹孔流道面积直接影响弹孔压降，对每个弹孔而言要提高孔径，对整个井段而言，是要增加孔密。增大孔径、提高孔密的综合效果提高了有效流动面积，从而降低了流动阻力，也降低了流速，即在其他条件不变时，降低了生产压差，有利于减缓出砂。即使要采取防砂措施，高孔密、大孔径射孔也有利于减少因防砂而带来的产量损失。

对于弹孔的穿透深度，由于疏松砂岩地层具有较高的渗透性，不必追求深穿透，过分地追求孔深还会增加射孔成本的费用，所以只需突破工作液的伤害半径即可。

关于射孔相位角，研究表明90°时最好。这是由于地层流线相对对称地以井轴为中心，这样就减小了流线的弯曲收缩而使阻力实现最小化，减缓了出砂。对于倾角较高的斜井和水平井可以在 −90°~+90° 相位角范围射孔，减少套管上部油层出砂的可能性，以此来减缓出砂。

3. 开采因素

（1）地层压力下降及生产压差导致油气井出砂。

上覆岩层压力靠孔隙内流体压力和岩石本身的强度来平衡。随着油气井的不断生产，地层压力逐渐降低，上覆岩层的压力增加了对地层颗粒及胶结物的应力。在胶结差的地层中，随着地层压力下降，增大的应力会使岩石胶结层发生形变，岩石骨架会破坏，在液体流动条件下将地层颗粒携至井底，引起出砂。

油藏压力下降对地层出砂的影响表现在：①压降过大使岩石颗粒的负荷加大，造成了岩石的剪切破坏，导致地层大量出砂；②当油藏压力低于原油饱和压力后，将出现层内脱气，形成油气两相流，使地层对油相的相渗透率显著下降。此时，脱气还使原油黏度提高，两方面综合作用便增加了油流阻力（严重时会产生气顶），欲保持产量不变，必须提高生产压差，导致出砂情况更加恶化；③油层压力的下降总是伴随边、底水（或注入水）的侵入，从而在层内出现油（气）、水多相流，同样使油相渗透率急剧下降，不得不放大生产压差来维持产量，势必产生出砂加剧的后果。

油藏经过长期开采，地层能量下降较快。而地层压力的下降是对原始地层骨架的一种破坏，而且地层本身胶结强度不高，这样在地层中流体长期亏空的情况下，油层发生坍塌、破碎，直至成为分散结构，从而出砂。对于暂停井由于地层压力的降低，造成地层压力与井筒液柱静压力之间的压差，随着地层压力的变化而出现有时是正值，有时是负值的情况。如果地层压力与井筒液柱静压力之间的压差波动较大，就会对近井地带油层的冲刷、伤害加剧，从而使出砂加剧。

（2）流速对出砂的影响。

假定弹孔可简化为一圆柱和一半球的组合，弹孔的前端为圆柱状，顶端为半球状。研究表明弹孔球状顶端的流体压力梯度要比圆柱前端的流体压力梯度大，容易破坏。假设岩石遵循摩尔—库仑破坏准则，得出无砂生产的极限产量为

$$\frac{qu}{4\pi Kl} = \frac{4C\cos\alpha}{1-\sin\alpha} \tag{3-1}$$

式中 q——流量，cm^3/s；

l——从球心到地层的距离，cm；

K——地层的渗透率，mD；

u——流体黏度，$mPa\cdot s$；

α——内摩擦角，（°）；

C——岩石的胶结强度，MPa。

对于疏松砂岩易出砂的地层，常常存在速敏问题，当油层内流体流速低于临界流速时，实验研究发现尽管也会产生微粒的运移，但是它们会在弹孔入口处自然形成"砂拱"，可以进一步阻止出砂。但是随流速的增加，砂拱尺寸不断增大，稳定程度降低（砂拱越小越稳定），当砂拱尺寸超过临界值后，砂拱平衡完全被破坏，无法再形成新的砂拱，砂粒可以自由流入井筒，开始出砂。根据实验研究（徐守余等，2007），在一定流速范围内，出砂量随流速线性增加（图3-1）。

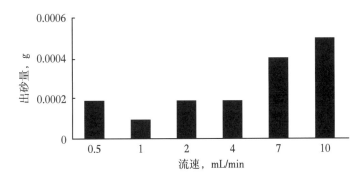

图 3-1 流速与阶段出砂量柱状图

（3）含水上升或注水对出砂的影响。

含水上升一方面使地层颗粒间原始的毛细管力下降，导致地层强度的降低；另一方面由于胶结物被水溶解，特别是一些黏土矿物，如蒙皂石等，遇水后膨胀、分散，大大降低了地层的强度。另外注水后含水上升，地层的内聚力降低，而且注水的反复冲刷，还可能导致岩石发生拉伸破坏，加剧地层的出砂。

（4）MFE 测试引起的地层出砂。

目前 MFE 测试是获取油层静压、流压及生产压差等参数的最理想的测试手段，但由于 MFE 测试在造成大负压后，在短时间内实施连续开关，对油层造成剧烈的激动，往往在二开抽汲测试时造成很大的生产压差及井底油层激动而导致油气井近井地带的骨架砂破坏，油层出砂。

（5）油气井含水后采液强度不合理引起出砂。

从岩心驱替实验结果来看，油藏在无水采油期时，流速对出砂影响不大，而当油藏含水后，流速对出砂影响很大，随着含水增加，出砂量成倍增加，因此在含水期控制采液强度非常重要。

（6）蒸汽吞吐开采对出砂的影响。

蒸汽吞吐开采对地层出砂的影响非常大。蒸汽的冲刷作用对岩石产生了巨大的、持续的拉伸破坏。蒸汽有较高的线流速度，对岩石颗粒的拉伸破坏作用高于液体。注蒸汽时的高压差对岩石造成了剪切破坏，使岩石发生形变，这种破坏范围应局限在井周围。蒸汽对岩石颗粒产生溶蚀作用，降低了岩石的胶结强度。蒸汽中的水溶解了岩石颗粒的胶结物，降低了地层的毛细管力。

（7）地层伤害。

在钻井、完井、采油、作业过程中或者由于工作液固相颗粒含量高，或者由于入井液与地层及地层流体不配伍，都会在井底附近对油层造成一定的伤害（Kooijman A. P. 等，1992），主要伤害类型包括：弹孔及地层孔喉堵塞（固相颗粒堵塞），黏土伤害（黏土膨胀、分散和运移）、产生二次沉淀和原油乳化伤害（使原油黏度急剧增加）。

由于入井液的侵入导致井底附近地层渗透率显著下降，以及原油的乳化和近井地带含水饱和度的急剧增加（JPT staff. 等，1998），各种伤害恶化了地层渗流条件，增加了流动阻力，需提高生产压差才能保持相同的产量。生产压差的增大对出砂的影响，地层损害的最终结果仍是加剧出砂。出砂又会使地层损害更严重（孔喉堵塞）这种恶性循环的后果不堪设想。所以，在油气井和气井生产的各个环节，减少或防止地层伤害的措施怎么强调也不过分（如稳定黏土、防止乳化、作业液过滤等）。要创造各种必要条件来保护油层，既有利于高产稳产，又有利于控砂（Wang Y 等，1999）。

由于地层条件及入井液情况千差万别，地层损害程度难以用定量的数学解析式加以描述，但是上述定性的结论仍对指导控砂和采油有十分积极的作用。地层伤害半径一般不大于 1m，这一地带是油气井生产最重要的敏感地带。

（8）其他。

原油黏度变化和岩石表面润湿性变化也会对出砂产生一定影响。若油藏压力下降造成原油脱气，原油黏度增加，从而增大对岩石颗粒的剪切作用力，而胶结疏松的砂岩抗剪切强度较低，易产生剪切破坏使砂粒脱落随油流运移到井底。此外，油／水乳化（在中、低含水阶段）也使原油变黏稠难于流动，这容易造成出砂。稠油井往往是出砂井，黏度越高，出砂越严重。

二、出砂机理

油气井投产后，地层受到扰动，根据压力波及范围，近井地带可以划分为扰动带和未扰动带；根据应力—应变关系，扰动带可以分为塑性带和弹性带；根据破坏准则，在塑性带内分为出砂带和未出砂带（图 3-2）。出砂机理分为力学机理和化学机理两个方面。

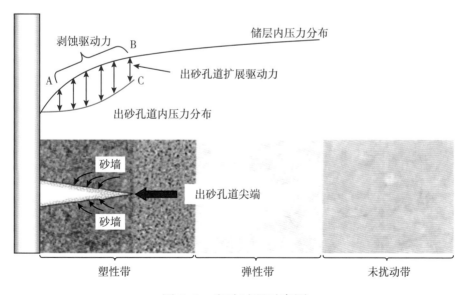

图 3-2　出砂过程示意图

1. 力学机理

油层出砂的力学机理可通过岩石拉伸破坏、剪切破坏、黏结破坏三种破坏类型来表示。

（1）拉伸破坏（开采流速及流体黏度）。

油气井开采时，井筒周围的压力梯度及在流体的摩擦携带作用下，岩石承受拉伸应力。随着油气井井筒内外压差的增大，地层流体流入井内的流速也会慢慢增大，同时，流体对岩石的拖曳力增大，岩石承受拉伸力也增大，当该力超过岩石抗拉伸强度时，岩石就会遭到拉伸破坏，即打乱了地层强度与各种拖拽力之间的平衡关系，岩石就会遭受拉伸破坏，产生出砂现象。在开采过程中，流体由油藏渗流至井筒，沿程会与地层颗粒产生摩擦，流速越大，摩擦力越大，施加在岩石颗粒表面的拖拽力越大，即岩石颗粒前后的压力梯度越大，图 3-3 为这种机理的微观模型示意图。拉伸破坏引起的油层出砂量小，出砂使孔穴通道增大，而孔穴增大又导致流速降低，从而使出砂有"趋停"趋势，具有稳定效应。

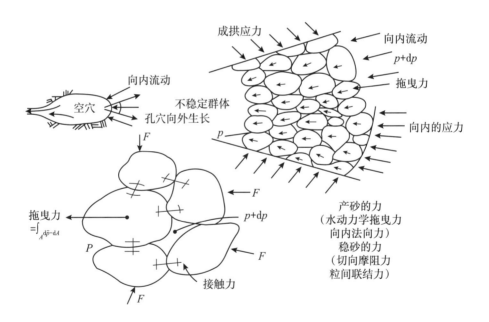

图 3-3　拉伸破坏微观模型示意图

（2）剪切破坏（生产压差）。

由于井筒及射孔孔眼附近岩石所受周向应力及径向应力差过大，造成岩石剪切破坏，离井筒或射孔孔眼的距离不同，产生破坏的程度也不同，从炮眼向外可依次分为：颗粒压碎区、岩石重塑区、塑性受损区及变化较小的未受损区

（图 3-4 ）。若岩石的抗剪切强度低，抵抗不住孔眼周围的周向、径向应力差引起的剪切破坏，井壁附近岩石将产生塑性破坏，引起出砂。

从力学角度分析，这种条件下的油层出砂机理为剪切（压缩）破坏机理，力学机理是近井地层岩石所受的剪应力超过了岩石固有的抗剪切强度。

造成剪切破坏的主要因素是地应力、地层压力（地层压力衰竭）和生产压差过大，如果油藏能量得不到及时补充或注水效果差或者生产压差超过岩石的强度，都会造成地层的应力平衡失稳，形成剪切破坏。

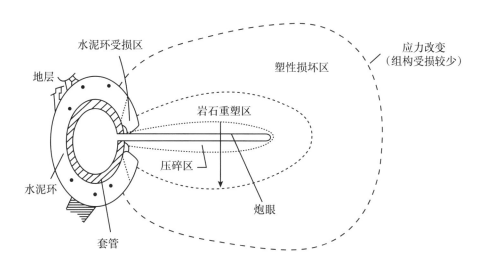

图 3-4 剪切破坏

（3）黏结破坏。

这一机理在弱胶结地层中显得十分重要。黏结强度是任何裸露表面被侵蚀的一个控制因素。这样的位置可能是：射孔通道、裸眼完井的井筒表面、水力压裂的裂缝表面、剪切面或其他边界表面。黏结力与胶结物和毛细管力有关。当液体流动产生的拖曳力大于地层黏结强度时，地层就会出砂。黏结破坏通常发生在低黏结强度的地层。在弱胶结砂岩地层，黏结强度接近 0，在这些地层里黏结破坏是出砂的主要原因。

2. 化学机理

岩石强度由两部分组成：微粒间的接触力、摩擦力，颗粒与胶结物之间的黏结力。当储层中出现一定量的可动水时，随着液体的流动，水化学反应将溶蚀掉部分胶结物，从而破坏岩石的强度。伊利石吸水后膨胀、分散，易产生速敏和水敏；伊 / 蒙混层属于蒙皂石向伊利石转变的中间产物，极易分散；高岭石晶格结合力较弱，易发生颗粒迁移而产生速敏。由化学作用引起砂岩破坏的程度必须通过对砂岩胶结物的检测来估计。

第二节　深层裂缝性气井出砂预测方法

一、岩石破坏理论

岩石中任何一点的应力状态可以用三个主应力（σ_1，σ_2，σ_3）来表示。在某种 σ_1，σ_2 和 σ_3 的组合情况下，岩石发生破坏，把这些引起破坏的点表示在应力空间就形成破坏面：

$$f\left(\sigma_1，\sigma_2，\sigma_3\right)=0 \qquad （3\text{-}2）$$

式（3-2）称为破坏准则。岩石破坏准则的建立与选用，应反映实际岩石的破坏机制。基于对岩石破坏机制的认识不同，提出了各种不同的破坏准则，目前岩石力学中应用较广的有摩尔—库仑准则、Drucker-Prager 准则、Weibols 和 Cook 准则、Hoek-Brown 准则、Griffith 准则、Tresca 准则、修正 Lade 准则（巴布森·奥义因等，2019）。

1. 摩尔—库仑准则（$\sigma_1=\sigma_V$ 和 $\sigma_3=\sigma_h$）

摩尔—库仑准则表述为维持在一个平面上的最大剪切应力等于黏聚力和与作用在平面上的正应力成正比的摩擦力之和。

摩尔—库仑准则认为过大的剪切应力会导致塑性变形为剪切破坏。该准则用内聚力 C 和内摩擦角 θ 来描述岩石特性。它所预测的最大剪切应力随平均正应力增加，这与日常观察一致。摩尔—库仑准则合理描述了中等抗压强度范围内的岩石特性。该破坏准则可描述成：

$$\tau = C + \sigma\tan\theta \qquad （3\text{-}3）$$

式中　τ——剪切应力，MPa；

　　　C——内聚力，MPa；

　　　σ——正应力，MPa；

　　　θ——内摩擦角，（°）。

内摩擦角和破裂面角 φ 的关系可表示成：

$$\varphi = 45° - 0.5\theta \qquad （3\text{-}4）$$

式中 φ——破裂面角，$(°)$；

θ——破裂面与最小主应力 σ_3 方向的夹角，$(°)$。

摩尔—库仑是最常用的破坏准则，因为它最容易用简单的物理术语来解释，通过标准室内实验很容易获得其相对较少的参数。

2. Drucker–Prager 准则（$\sigma_1=\sigma_V$，$\sigma_2=\sigma_H$ 和 $\sigma_3=\sigma_h$）

许多井壁稳定理论模型都会用到的一个剪切破坏准则，即 Drucker-Prager（DP）准则，这与其计算友好性有关，不需确定井筒应力是最大值或最小值。但 DP 准则的缺点是中间应力会明显影响强度大小，结果与观察到的现象相悖，且当 σ_2 与 σ_1 接近时（比如直井），Drucker-Prager 准则并不适用。

根据 Drucker-Prager 准则，剪切破坏条件可分为外接准则和内接准则。

外接 Drucker-Prager 准则：

$$\begin{cases} J_2^{1/2} = a + bJ_1 \\ J_1 = \dfrac{1}{3}\left(\sigma_1 + \sigma_2 + \sigma_3 \right) \\ J_2^{1/2} = \sqrt{\dfrac{1}{6}\left[\left(\sigma_1 - \sigma_2 \right)^2 + \left(\sigma_1 - \sigma_3 \right)^2 + \left(\sigma_2 - \sigma_3 \right)^2 \right]} \end{cases} \quad （3-5）$$

式中 J_1——应力张量第一不变量；

J_2——应力偏张量第二不变量；

a——与材料内聚力相关的材料常数；

b——与材料内摩擦角相关的材料常数。

内接 Drucker-Prager 准则：

$$\begin{cases} J_2^{1/2} = a + bJ_1 \\ b = \dfrac{3\sin\theta}{\sqrt{3\sin^2\theta + 9}} \\ a = \dfrac{3C_o\cos\theta}{2\sqrt{q\sqrt{3\sin^2\theta + 9}}} \\ \tan\theta = \mu \end{cases} \quad （3-6）$$

式中 C_o——内聚力，MPa；

θ——内摩擦角，$(°)$；

μ——内摩擦系数。

3. Weibols 和 Cook 准则（$\sigma_1=\sigma_V$ 和 $\sigma_2=\sigma_H$）

Weibols 和 Cook 准则考虑了中间主应力 σ_H 对岩石强度的影响，但需要多轴岩石强度试验：

$$\begin{cases} J_2^{1/2} = e + fJ_1 + gJ_1^2 \\ g = \dfrac{\sqrt{27}}{2C_1+(q-1)\sigma_3-C_0}\left[\dfrac{C_1+(q-1)\sigma_3-C_0}{2C_1+(2q+1)\sigma_3-C_0}-\dfrac{q-1}{q+2}\right] \\ C_1=1+0.6\mu; e=\dfrac{C_0}{\sqrt{3}}-\dfrac{C_0}{3}f--\dfrac{C_0^2}{9}g; f=\dfrac{\sqrt{3}(q-1)}{q+2}-\dfrac{g}{3}\left[2C_0+(q+2)\sigma_3\right] \\ q=\tan^2\left(\dfrac{\pi}{2}+\dfrac{\theta}{2}\right) \end{cases} \quad (3-7)$$

式中　μ——内摩擦系数；

　　　e、f 和 g——材料常数；

　　　C_0——内聚力，MPa；

　　　θ——内摩擦角，（°）；

　　　σ_3——最小主应力，MPa。

4. Hoek-Brown 准则（$\sigma_1=\sigma_V$ 和 $\sigma_3=\sigma_h$）

Hoek-Brown 准则与摩尔—库仑准则相似，都是二维的且只需知道 σ_1 和 σ_3。该准则能很好适用于大多数质量合格的岩石，其中岩体强度由紧密咬合的尖岩块控制。

$$\sigma_1 = \sigma_3 + C_0\sqrt{m\dfrac{\sigma_3}{C_0}+s} \quad (3-8)$$

式中　m，s——常数，其值取决于岩石特性和岩石破坏前受损程度；

　　　C_0——内聚力，MPa；

　　　σ_1——最大主应力，MPa；

　　　σ_3——最小主应力，MPa。

5. Griffith 准则

Griffith 假设脆性材料破坏是由已有微裂缝的发展所致。基于该理念，得到一个关于正应力和剪切应力的抛物线关系式，该剪切应力作用在与已有裂缝平行的平面并导致裂缝扩展。Griffith 准则适用于从拉应力到压应力范围。该准则考虑了由拉伸裂缝扩展导致的塑性变形。破坏可用抗拉强度 σ_t 或无侧限抗压强度表示：

$$\tau = 4\sigma_t^2 + 4\sigma^3 + \sigma_t \qquad (3\text{-}9)$$

式中　τ——剪应力，MPa；

　　　σ_t——抗拉强度，MPa；

　　　σ——正应力，MPa。

6. Tresca 准则

Tresca 准则为线性摩尔—库仑准则的简化形式，有时也称为最大剪切应力准则。该准则通常用来描述屈服强度不随围压增加的金属材料强度。

$$\sigma_1 - \sigma_3 = 2C_0 \qquad (3\text{-}10)$$

式中　σ_1——最大主应力，MPa；

　　　σ_3——最小主应力，MPa；

　　　C_0——内聚力，MPa。

7. 修正 Lade 准则（$\sigma_1=\sigma_v$ 和 $\sigma_2=\sigma_H$）

该准则是一个三维强度准则但仅需要两个经验常数，相当于确定 η 和 S_1。

$$\begin{cases} \dfrac{(I_1)^3}{I_3} = 27 + \eta; \quad I_1 = (\sigma_1 + C_1) + (\sigma_2 + C_1) + (\sigma_3 + C_1) \\ I_3 = (\sigma_1 + C_1)(\sigma_2 + C_1)(\sigma_3 + C_1) \\ C_1 = C_0 / \tan\theta \\ \eta = 4\mu^2 \dfrac{9\sqrt{\mu^2+1} - 7\mu}{\sqrt{\mu^2+1} - \mu} \end{cases} \qquad (3\text{-}11)$$

式中　I_1 和 I_3——第一和第三应力张量不变量；

　　　C_0——内聚力，MPa；

　　　μ——内摩擦系数；

　　　θ——内摩擦角，（°）。

二、出砂预测经验方法

出砂预测经验方法主要是国内外学者通过多年的科学实践、探索，根据岩石的物性、弹性参数以及现场经验对易出砂地层进行综合研究，归纳出的一些可判断地层是否出砂的物性标准及出砂预测判别公式。目前主要有 6 种经验法因数据容易获得、计算简单，在各油气田得到广泛应用。

1. 声波时差法

声波时差法采用声波测井的纵波沿井剖面传播速度的倒数来衡量地层是否出砂，记为：

$$\Delta t_c = 1 / v_c \tag{3-12}$$

式中　Δt_c——纵向声波时差，$\mu s/m$；

　　　v_c——纵向声波波速，$m/\mu s$。

一些国外公司常常采用声波时差最低临界值来进行出砂预测，若超过了这一临界值，则生产过程中就会出砂，应采取防砂措施。因油气田或区块的不同而有所变化，一般情况，当 $\Delta t_c > 295\mu s/m$ 时就应采取防砂措施，有的文献把声波时差临界值定在 $295\sim395\mu s/m$。

2. 地层孔隙度法

孔隙度是反映地层致密程度的一个参数，利用测井和岩心室内试验可求得地层孔隙度在井段纵向上的分布。由于孔隙度与地层强度没有直接的因果关系，此法仅为出砂预测提供参考。一般情况下，当孔隙度大于 30% 时，表明地层胶结程度差，出砂严重；而当孔隙度在 20%~30% 之间时，表明地层出砂减缓；当地层孔隙度小于 20% 时，则表明地层出砂轻微。

3. 组合模量法

组合模量法预测地层出砂的依据是声速及密度测井资料，用下面的公式来计算岩石的弹性组合模量：

$$E_c = \frac{9.94 \times 10^8 \rho}{\Delta t_c^2} \tag{3-13}$$

式中　E_c——组合模量，$10^4 MPa$；

　　　ρ——地层岩石的体积密度，g/cm^3；

　　　Δt_c——纵波时差，$\mu s/m$。

在对现场大量油、气井出砂统计结果分析之后，一般地：当 E_c 大于 $2.0\times10^4 MPa$ 时，不出砂；当 E_c 值范围为（$1.5\sim2.0$）$\times10^4 MPa$ 时，出砂；当 E_c 小于 $1.5\times10^4 MPa$ 时，严重出砂。

4. 出砂指数法

出砂指数法指通过对声波及密度测井等测井曲线进行数字化计算，求得不

同部位的岩石强度参数，计算出油、气井不同部位的出砂指数。定义为

$$B = K + \frac{4}{3}G \qquad (3\text{-}14)$$

式中　B——出砂指数，10^4MPa；

　　　K——体积弹性模量，10^4MPa；

　　　G——切变弹性模量，10^4MPa。

B 值越大，表示岩石的体积弹性模量和切变弹性模量之和越大，即岩石的强度越大，稳定性越好，不易出砂。根据胜利油田的实践经验，应用出砂指数 B 时，出砂的判别值分别为：当 B 大于 2.0×10^4MPa 时，在正常生产中油层不会出砂；当 B 值为（$1.4 \sim 2.0$）$\times 10^4$MPa 时，油层轻微出砂，但见水后，地层出砂严重，应在生产的适当时间进行防砂；当 B 小于 1.4×10^4MPa 时，油层严重出砂，在生产过程中必须防砂。

5. 斯伦贝谢法

斯伦贝谢法是计算岩石斯伦贝谢比，并判断地层出砂可能性的预测方法，斯伦贝谢比计算公式如下：

$$R = E_s \times E_B = \frac{C_2 (1-2\mu)(1+\mu)\rho^2}{6(1-\mu)^2 (\Delta t_c)^4} \qquad (3\text{-}15)$$

式中　R——斯伦贝谢比，10^7MPa；

　　　E_s——动态切变模量，MPa；

　　　E_B——动态体积模量，MPa；

　　　C_2——参数；

　　　μ——岩石泊松比；

　　　ρ——地层岩石的体积密度，g/cm^3；

　　　Δt_c——纵波时差，μs/m。

斯伦贝谢公司对墨西哥湾油田进行了大量实验研究后，提出 $R > 3.8 \times 10^7$MPa 时地层不出砂，而 $R < 3.3 \times 10^7$MPa 时则可能出砂。冀东油田则将 $R = 5.9 \times 10^7$MPa 作为判断出砂的临界门限值，对其 25 口出砂井进行检验，符合率达 100%。

三、裂缝性储层出砂预测方法

预测储层何时破坏并且出砂的能力是决定是否使用井下防砂设备以及使用

何种类型防砂设备的基础。出砂取决于三个主要因：岩石力学性质、井周应力场、生产压差。

1. 裂缝存在对岩石强度影响定量表征

目前行业内根据砂岩的胶结强度大小，主要将砂岩分为未固结砂岩、弱固结砂岩、固结砂岩、强固结砂岩四种类型，定性预测出砂情况（表3-1）。塔里木油田库车山前储层岩石基质抗压强度60~217MPa，参考表3-1属于强固结砂岩，判断不易出砂，但在实际开采过程中，除克拉以外其他区块均不同程度发现地层出砂问题，最严重的区块出砂井占比高达75%。

表3-1　不同砂岩类型的岩石特性及出砂特点

分类	抗压强度 MPa	岩石特性	出砂特点
未固结砂岩	0~5	埋藏浅、呈流砂状，取心困难、容易垮塌	连续、大量出砂，必须采取防砂措施
弱固结砂岩	5~20	疏松、抗压强度低、岩心容易破碎、用手可将岩石压碎	容易出砂，受生产压差、流体流速和出水等因素影响较大
固结砂岩	20~50	明显脆性特征，强度较高，不容易破坏	出砂通常发生在投产的初期，之后出砂会减小或停止；但随着地层压力下降、含水量上升，以及压力的突然变化又会重新造成出砂
强固结砂岩	> 50	坚硬、脆性高、不容易破坏	这类地层一般不出砂，只有放喷投产初期短时间内短暂出砂的可能性

对比分析克拉及其他4个区块的储层特性，其差异在于岩石裂缝的发育程度，克拉区块裂缝发育程度（裂缝开度、密度）明显低于其他4个区块（表3-2）。

表3-2　储层裂缝发育特征

区块	裂缝产状	裂缝开度 mm	裂缝密度 条/m	裂缝描述
克拉2	以中、高角度为主	0.03~0.08	< 0.05	裂缝发育程度差
迪那2	以高角度缝为主，其次为网状缝	0.025~0.2	0.31~2.0	裂缝总体相对发育
大北	以高角度缝和斜交缝为主	0.5~5.0	> 1	裂缝非常发育
克深	以高角度缝为主，其次为斜交缝及网状缝	0.5~1.0	0.6~4.0	裂缝发育程度好
博孜	以中角度缝和斜交缝为主	0.12	0.35	裂缝发育程度低于大北、克深区块

为进一步验证裂缝对岩石强度影响，分别选取库车山前基质岩心与含天然裂缝岩心开展单轴力学实验，实验发现岩石内部存在裂缝后其单轴抗压强度（UCS）均有明显降低（图 3-5），降低幅度 39%~70%。

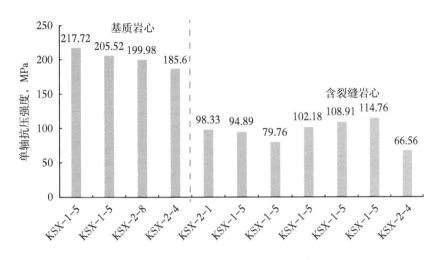

图 3-5　岩心单轴抗压强度测定

尽管室内实验测得裂缝对岩石单轴抗压强度有所影响，但原场环境远比实验室复杂，裂缝发育程度、裂缝胶结强度、裂缝方位及倾角等许多因素都会对岩石强度造成影响，从而使岩石破坏时的真实 UCS 低于实验室测量值。而且与室内岩心测试确定岩石的强度不同，测井资料具有测量井段长、数据连续、信息量大等特点，因此利用有限的岩心结合大量的测井资料研究岩石的强度具有重要的意义。

为了获取真实 UCS，考虑钻井过程的井壁崩落即是由岩石剪切破坏引起的，井壁崩落能够很好地反映原场岩石强度，因此可用成像测井井壁壁崩落数据刻度真实 UCS。如图 3-6 所示，以实验室测量 UCS 为基础，通过 UCS 敏感性分析，设计不同的 UCS 值，分别计算三维井壁稳定性，并与成像获得的井壁崩落图像对比。通过对比分析可见，原场真实 UCS 约为实验室测量值的 30%。

2. 岩石力学参数

岩石强度可通过岩心实验确定，但岩石强度测试需要破坏岩心，因此不是每口井都会进行该测试，岩石强度测试的主要作用是为例如测井解释强度等其他方法提供校准。因此本文主要介绍如何通过测井数据来计算岩石强度参数。

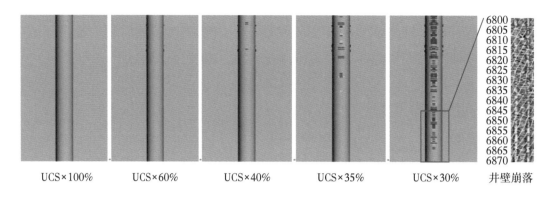

UCS×100%   UCS×60%   UCS×40%   UCS×35%   UCS×30%   井壁崩落

图 3-6 UCS 敏感性分析

岩石力学参数计算需要的测井资料主要是纵波时差、横波时差和密度。在无横波测井资料的情况下，一般根据已有的纵波时差和横波时差拟合出经验关系，再采用纵波时差来计算横波时差。

（1）岩石变形参数。

对于弹性介质，当动应力不超过介质的弹性极限时，则产生弹性波。该弹性波的传播特征与岩石的动力学特性有关。弹性波传播方程给出了纵、横波速和密度与岩石动力学参数之间存在理论关系。用测井资料得到纵波时差 Δt_c、横波时差 Δt_s，用密度测井得到体积密度 ρ_b，就可以计算岩石动态变形参数：

$$\begin{cases} G_{dyn} = \dfrac{\rho_b}{\left(\Delta t_s\right)^2} \\[2mm] K_{dyn} = \rho_b\left[\dfrac{1}{\left(\Delta t_c\right)^2}\right] - \dfrac{4}{3}G_{dyn} \\[2mm] E_{dyn} = \dfrac{9G_{dyn} \times K_{dyn}}{G_{dyn} + 3K_{dyn}} \\[2mm] v_{dyn} = \dfrac{3K_{dyn} - 2G_{dyn}}{6K_{dyn} + 2G_{dyn}} \end{cases} \qquad (3\text{-}16)$$

式中 G_{dyn}——动态剪切模量，MPa；

K_{dyn}——动态体积模量，MPa；

E_{dyn}——动态杨氏模量，MPa；

v_{dyn}——动态泊松比；

ρ_b——岩石体积密度，g/cm³；

Δt_c——纵波时差，μs/m；

Δt_s——横波时差，μs/m。

用声波及密度数据直接计算得到的弹性模量是动态的，与岩石的静态力学性质之间有一定的差距，需要利用实验室数据分析得到经验公式将动态弹性模量和强度转换成静态数据。比如塔里木油田迪那区块和克拉区块的杨氏模量动静态转换公式分别为：

$$E=0.464E_{dyn}-5.54, \quad E=0.7865E_{dyn} \qquad (3-17)$$

式中 E——静态杨氏模量，GPa；

E_{dyn}——动态杨氏模量，GPa。

（2）岩石强度参数。

岩石的单轴抗压强度、内摩擦角和抗拉强度是确定井眼稳定性的三个关键参数。岩石的单轴抗压强度（UCS）通常根据测井曲线计算得到，塔里木油田针对库车山前裂缝性储层，也形成了计算岩石 UCS 值的经验公式：

$$UCS=3887E \qquad (3-18)$$

式中 UCS——单轴抗压强度，kPa；

E——静态杨氏模量，GPa。

同样基于实验数据，利用下面公式来计算摩擦角：

$$\theta=0.3138E+24.507 \qquad (3-19)$$

式中 θ——内摩擦角，（°）；

E——静态杨氏模量，GPa。

另外大量研究表明，抗拉强度 σ_t 一般为 UCS 的十分之一：

$$\sigma_t=0.1UCS \qquad (3-20)$$

式中 σ_t——抗拉强度，MPa；

UCS——单轴抗压强度，MPa。

3. 地应力预测

出砂预测的第二个部分就是理解在钻开井筒或射孔之前施加在岩石上的地应力。地应力是存在于地壳中的内应力，它是由于地壳内部的垂直运动和水平运动的力及其他因素的力而引起介质内部单位面积上的作用力。地壳中不同地区，不同深度地层中的地应力的大小和方向随空间和时间的变化而构成地应力场。岩石力学中定义压应力为正应力（不是张力为正的油管应力分析），是因为岩石应力通常是压应力，除非有很高的流体压力。在世界的大部分区域，应力状态可以用三个互相正交的应力来描述（图3-7），这些主应力包括一个垂直方向的（σ_v）和两个水平方向的（σ_H 和 σ_h）。

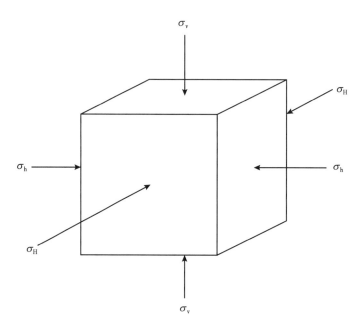

图 3-7　地应力示意

（1）垂向主应力。

垂直应力是由储层上方的岩石（盖层）重量确定的。储层上方岩石的密度是通过由地面穿过储层的密度测井所获得的，典型的地层密度通过电缆测井得到，也可以利用岩心的密度。

$$\sigma_v = \int_0^z \rho_z g \mathrm{d}z \qquad (3-21)$$

式中　σ_v——上覆应力，kPa；

ρ_z——密度测井值，g/cm^3；

g——重力加速度，m/s^2。

（2）水平主应力。

如果没有水平构造力影响，根据泊松效应，垂向应力会产生水平应力，且水平应力在各个方向都是相等的。然而，即使是较弱的构造活动（例如非洲与南欧的碰撞对北海的影响）通常也会导致水平应力是不相等的，业界普遍认为水平地应力主要由地层的上覆岩层压力、构造应力、岩层的蠕变及孔隙压力的上升导致。孔隙弹性公式能够较为全面地反映水平地应力的内在机理，在国内外得到了广泛的使用，公式可以表示为：

$$\sigma_{\rm h} = \frac{\nu}{1-\nu}\sigma_{\rm V} - \frac{\nu}{1-\nu}\alpha p_{\rm p} + \alpha p_{\rm p} + \frac{E}{1-\nu^2}\varepsilon_{\rm h} + \frac{\nu E}{1-\nu^2}\varepsilon_{\rm H}$$
$$\sigma_{\rm H} = \frac{\nu}{1-\nu}\sigma_{\rm V} - \frac{\nu}{1-\nu}\alpha p_{\rm p} + \alpha p_{\rm p} + \frac{E}{1-\nu^2}\varepsilon_{\rm H} + \frac{\nu E}{1-\nu^2}\varepsilon_{\rm h}$$

（3-22）

式中　ν——静态泊松比；

　　　$\sigma_{\rm v}$——上覆应力，MPa；

　　　α——比奥特系数；

　　　$P_{\rm p}$——孔隙压力，MPa；

　　　E——静态杨氏模量，MPa；

　　　$\varepsilon_{\rm h}$ 及 $\varepsilon_{\rm H}$——分别为最小水平主应力及最大水平主应力方向上的应变，mm。

$\varepsilon_{\rm h}$ 及 $\varepsilon_{\rm H}$ 主要用来刻画由于构造应力产生的额外的水平地应力，也用于在已有水平地应力测量点的条件下刻度水平地应力剖面。

4. 井筒应力和出砂预测

假设井壁周围的地层为多孔弹性介质，井壁周围的应力状态可以用一下力学模型求解：在无限大平面上，一圆孔受均匀内压，而在这个平面的无限远处受两个水平地应力的作用，其垂直方向上受上覆岩层压力，如图 3-8 所示。

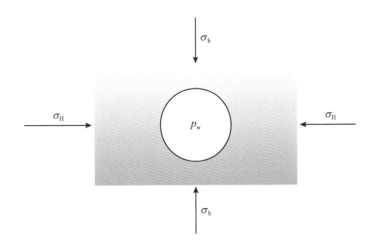

图 3-8　井壁受力的力学模型

由于井眼附近产生应力集中，使得井壁上的应力最大，因此将井壁上的应力与强度准则相比较，便可判断井眼是否稳定。井壁处的应力分布为：

$$\begin{cases} \sigma_r = p_w \\ \sigma_\theta = -p_w + \sigma_H(1 - 2\cos 2\Phi) + \sigma_h(1 + 2\cos 2\Phi) - \delta\left(p_p - p_w\right) \\ \sigma_Z = \sigma_v - 2\nu\cos 2\Phi\left(\sigma_H - \sigma_h\right) - \delta\left(p_p - p_w\right) \\ \delta = \alpha\dfrac{1 - 2\nu}{1 - \nu} \end{cases} \tag{3-23}$$

式中 σ_r——井壁径向应力，MPa；

         σ_θ——井壁周向应力，MPa；

         σ_Z——井壁垂向应力，MPa；

         p_w——井底流压，MPa；

         σ_H——最大水平主应力，MPa；

         σ_h——最小水平主应力，MPa；

         Φ——井壁方位，(°)；

         p_p——孔隙压力，MPa；

         ν——静态泊松比；

         α——比奥特系数。

对比井壁不同方位上 σ_r、σ_θ、σ_Z 的大小情况，令 $\sigma_{max}=\max\{\sigma_r、\sigma_\theta、\sigma_z\}$、$\sigma_{min}=\min\{\sigma_r、\sigma_\theta、\sigma_z\}$，并带入摩尔—库仑准则中：

$$\sigma_{max} - \alpha p_p = \tan\left(\pi/4 + \varphi/2\right)\cdot\left(\sigma_{min} - \alpha p_p\right) + UCS \tag{3-24}$$

式中 p_p——孔隙压力，MPa；

         α——比奥特系数；

         φ——破裂面角，(°)；

         UCS——单轴抗压强度，MPa。

岩石骨架承受的有效应力是地应力与孔隙压力的差值，随着油气田开发程度提高，地层压力将不可避免出现衰竭，岩石骨架承受的有效应力将逐渐升高，岩石更容易发生破坏而引发出砂。为科学、全周期指导单井生产、区块开发，在考虑现今地层压力、岩石强度、地应力状态、裂缝影响等因素，融入地层压力衰竭的影响，形成全生命周期出砂临界生产压差预测技术（图3-9）。

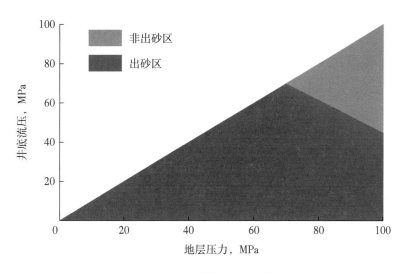

图 3-9　全生命周期出砂预测图版

第三节　深层裂缝性气井出砂防治技术

一、制度控砂

生产压差控制在油气田生产管理方面有着重要的作用，合理的生产压差是油气井实现长期平稳生产的关键，是油气藏实现高效开发的重要保证。库车山前高压气井出砂严重影响了正常生产，需开展库车山前临界出砂压差研究工作。为判断预测的出砂临界生产压差的准确性，需与实际出砂时的生产压差对比。目前，实际生产压差主要通过下入井下压力计实测和井口压力简单反算获得，都存在一定局限性。

下压力计实测法：（1）油气井生产过程中，不是所有井都进行测试，有缆测试成本高，风险大，且对井筒要求较高，无法实现全覆盖；（2）不能随时获取到任一时刻的压力测试数据，不能随时取到最新压力测试数据。

利用关井、开井井口压力差值计算生产压差法：（1）通常采用干气模型，不适用凝析气藏。用于干气气藏也是粗略估算，未考虑管柱、流体摩阻以及加速度损失压降。此外天然气中含水量的多少，直接影响计算精度。两相流计算过程烦琐，参数的取值对结果影响较大；（2）关井压力获取不方便，时效性差；（3）多井批量处理效率低。

针对技术需求及目前技术瓶颈，依托 petrel 软件平台，创建了一套生产压差精准预测批量计算模型。（1）考虑每口井具体管柱结构，充分考虑管径、管壁粗糙度、节流、变径等因素，建立单井井筒模型；（2）以流体组分化验分析结果为基础，考虑流体在不同生产阶段的性质差异，对流体模型进行建立、校正；（3）充分考虑井筒内流型、持液率、摩阻，对比不同流动关系式总均方根误差（总均方根误差越小，与实际流梯测试数据拟合程度越高），优选出吻合度高的 Gray（Modified）流动相关式；（4）将现场实测井口压力数据导入 petrel 软件，批量创建垂直管流表，快速计算井底流压及生产压差。

利用该模型计算了克深 2 区块、克深 8 区块、克深 9 区块、迪那 2 区块 4 个区块 87 口单井的生产压差，将有实测井底流压数据的井与该方法的计算结果进行对比，准确率达到 93.5%（图 3-10）。

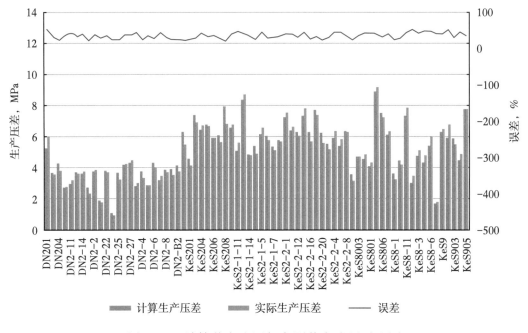

图 3-10　计算井底流压与实测井底流压对比图

目前库车山前迪那 2、克深 2、克深 8、克深 9 等区块无砂生产制度俱依此而制定（图 3-11），近三年累计指导克深、迪那等气田 122 井次的生产制度优化调整，出砂井占比分别由 34.09% 和 75.00% 降至 11.36% 和 17.86%（图 3-12），实现了深层气田平稳开发。

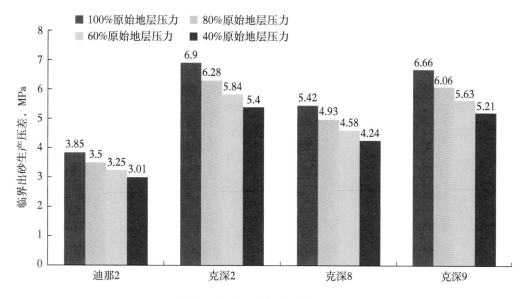

图 3-11 库车山前各区块不同阶段控制生产压差

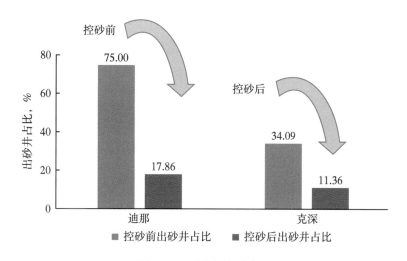

图 3-12 制度控砂效果

二、地层防砂

防砂是指为了确保井下地层的稳定性，提高采油速度，人为地采用一定的技术手段防止地层砂流入井筒，达到保护油气井的目的。防砂技术随着石油工业的高速发展而不断完善，逐步形成了防砂综合配套技术体系。防砂工艺措施的防砂原理分为两种：一是通过井底挡砂手段将地层产出砂阻挡在地层或井底，阻止的地层砂随流体进入生产管柱；二是通过化学等手段改善近井地带的地层胶结条件，提高固结强度，从而避免生产中出砂。

根据防砂的原理和防砂工艺的特点，防砂方法大致可以分为机械防砂、化学防砂和复合防砂三大类。此外，在弱胶结或未胶结砂岩地层中还应配合采用降低生产速率、选择性射孔、优化射孔参数等方式来防止和减少地层出砂。当选择一种完井方法时，首先必须了解地层的出砂机理、影响地层出砂的因素和地层产出砂的特征，然后再选择恰当的防砂完井方法。防砂措施的成功与否可以通过施工情况和油气井的生产动态得到反映。

1. 机械防砂

机械防砂方法可以分为两类，第一类是仅下入机械防砂管柱的防砂方法，如绕丝筛管、割缝衬管、各种滤砂管等，这种方法简单易行、成本低，缺点是防砂管柱容易被地层砂堵塞，只能阻止地层砂产出到地面而不能阻止地层砂进入井筒，有效期短，只适用于油砂中值大于 0.1mm 的中、粗砂岩地层（王星，2012）。

第二类机械防砂方法为管柱砾石充填，即在井筒内下入绕丝筛管或割缝衬管等机械管柱后，再用砾石或其他类似材料充填在机械管柱和套管的环形空间内，并挤入井筒周围地层，形成多级滤砂屏障，达到挡砂目的。这类方法设计及施工复杂，成本较高，但挡砂效果好，有效期长，成功率高，适应性广，可用于细、中、粗砂岩地层，垂直井、定向井、热采井等复杂条件。砾石充填防砂的主要缺点是施工复杂，一次性投入高，若砾石尺寸选择不当，地层砂侵入砾石层后会增加流入井的阻力，影响防砂后的油气井产能。

1）割缝衬管完井

割缝衬管防砂技术简单实用，重复利用率高，适用于油气层出砂中等、地层亏空不大的油气井防砂，要求油气层套管无破裂或严重变形，防砂井段不太长（一般不超过 30m）。割缝衬管的形式分为纵向割缝（常用）和横向割缝，缝的结构主要有平行式和楔缝式（图 3-13）。

缝眼的剖面呈梯形，梯形两斜边的夹角与衬管承压大小及流通量有关，一般为 12° 左右。梯形大的底边应为衬管内表面，小的底边应为衬管外表面。这种外窄内宽的形状可以避免砂粒卡死在缝眼内而堵塞衬管，具有"自洁"作用。

梯形缝眼小底边的宽度称为缝口宽度。割缝衬管防砂的关键就在于如何正确地确定缝口宽度。根据实验研究，砂粒在缝眼外形成"砂桥"的条件是：缝口宽度不大于需阻挡砂粒直径的两倍。

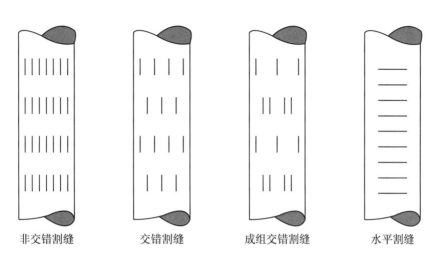

| 非交错割缝 | 交错割缝 | 成组交错割缝 | 水平割缝 |

图 3-13 割缝的形状割缝形状

割缝衬管防砂完井方式是重要的完井方式之一。它既起到裸眼完井的作用，又防止了裸眼井壁坍塌造成井筒堵塞，同时在一定程度上起到防砂作用，由于这种完井方式工艺简单，操作方便，成本低，故多在一些出砂不严重的中粗砂粒油层中广泛使用。

2）绕丝筛管

全焊接不锈钢绕丝筛管主要由基管（带孔的中心管）、纵筋与不锈钢绕丝组成。基管上钻有一定密度和孔径的圆孔，便于流体通过绕丝缝隙后流入井筒。在基管上分布有纵筋，用于支撑绕丝。不锈钢丝一般压制成三角形或者梯形截面，这是由于这种形状的钢丝绕制的缝隙对地层砂具有"自洁"的功能，当有颗粒随流体进入绕丝缝隙，因越向井筒内方向，空隙越大，使砂粒不能滞留在缝隙内堵塞缝隙，从而达到"自洁"的功效（图 3-14）。

3）滤砂管防砂

滤砂管防砂技术是通过过滤及形成的自然砂桥进行挡砂。当滤砂管下入井中，正对出砂层位，将滤砂管上部悬挂封隔器坐封，并实现丢手。把滤砂管留在井底，取出施工管柱便完成施工，再下入生产管柱投产。地层砂粒随液流进入井筒，被阻挡于滤砂管周围通过堆积形成过滤砂桥，进一步阻挡地层的出砂。其主要用于套管射孔完井。由于滤砂管防砂施工工艺简单，不进行砾石充填作业，无需大型防砂（泵送）设备，以及施工成功率较高等特点，目前国内外在这方面发展很快，不同过滤材料和结构的新产品新技术不断涌现，满足了不同类型油气井防砂的需要。

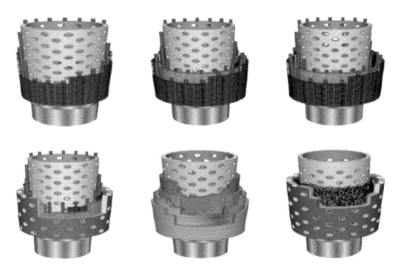

图 3-14　绕丝筛管的类型

（1）双层预充填绕丝筛管。

双层预充填筛管防砂技术是为减少井下砾石填充操作工艺、保证砾石填充效率，避免"桥堵"现象以及延长滤砂管的使用周期，其原理是利用同心的双层绕丝筛管组焊在一起，其环空内预先充填好密实的（已固化）涂层砾石，中心是中心管，其复合结构能够形成多层挡砂屏障，防止地层砂进入生产井筒。内外筛管的尺寸、缝隙以及与充填砾石层的厚度，砾石尺寸根据地层及油气井的实际情况确定，由地面预制后再下入井中正对出砂地层。特点是砾石充填及高温胶结（固化）在地面完成，质量有保证，筛管的抗压强度高，渗透率高，有效面积大，施工简单，作业周期短。

（2）金属棉滤砂管防砂。

将一定长度的纤维状不锈钢丝按一定的要求铺制成一定密集度的金属棉防砂滤体，将滤体卷成圆柱形，牢牢地固定在带孔的中心管和护管之间，再经过焊接制成金属棉滤砂管。滤砂管和井下配套器具一并下入油层出砂部位，当含砂流体通过护管流经滤体进入中心管时，油层砂被挡在滤体之外，从而达到了防砂的目的。该滤砂体具有渗透性好（$K > 100D$）、强度高、耐高温（$> 350℃$）的特点，适用于泥质含量小于 20%，油层砂粒度中值不小于 0.1mm 的疏松砂岩油藏油气井的先期、早期和后期防砂，可用于蒸汽吞吐热采井的防砂。

（3）可膨胀割缝管。

一种新式可膨胀割缝管（EST）1995年8月在Oman油田通过现场试验，膨胀的割缝管与筛网组合将防砂筛网紧贴近射孔套管，支撑和压紧筛网而共同起到防砂作用（马建民，2011）。这种防砂管柱的优点有：①可用于直井、斜井，尤其对水平裸眼完井防砂效果更理想；②因筛网受压，紧靠在套管射孔孔眼上，可防止地层砂随油流流入井筒，造成地层亏空，故可保持地层的支撑作用，起到很好的防砂效果，这种防砂方法尤其适用于油气井先期防砂；③后期处理简单，只需从EST的一端拉拔，割缝管便可收缩到原有直径，使用捞矛即可将防砂管柱起出井筒。

（4）多层滤膜组合筛管。

多层滤膜组合筛管是美国Pall公司研制成功的，目前已经广泛应用于现场（Abass，H.H.等，2022）。该滤砂管的技术优势在于：①中心管金属网及外管之间零间隙的紧凑结构使其外径较小，可应用于侧钻的小井眼防砂和过油管防砂（补救处理）；②独立的多层滤膜结构及韧性材料，使之在严重机械变形的情况下也不会影响其防砂效果；③该结构具有较大的柔性，抗弯曲能力好，适用于水平井及大斜度井防砂；④该结构不易堵塞，滤砂管渗透率高，生产压差小，生产能力强；⑤该滤砂管抗腐蚀能力好，可承受较高的拉应力，适合不同类型的油气井防砂。

（5）双层半剖面绕丝筛管。

为了解决水平井或大斜度井砾石充填中筛管上部充填不密实而使防砂失败的难题，Spatin等人研制开发出这种新型滤砂管，由中心管和两层环形套组成，环形管一半是绕丝筛管，另一半是完体管。外套与内套交错焊接在带孔中心管上，并沿内外环形套安装一个遮挡板，从而在交错体内产生一曲线流道，以减少地层砂的堵塞。

（6）金属毡滤砂管。

金属毡滤砂管是1998年3月为埕岛油田海上双管注水井防砂而研制的。其原理为在带孔中心管外缠绕钢丝网，钢丝网外再均匀铺垫金属丝，呈毡状，然后在毡外缠扎钢丝网，再套入带孔套管（外管）内，两端密封，并将中心管与套管焊接在一起，利用不锈钢丝网与金属毡阻挡地层砂的反吐。达到注水防砂的目的。技术指标及工艺特点为：①该注水防砂管中心管内径Φ=100mm，通径较大，适应大注入量的要求；②可用在油气井防砂，特别在一次防砂失败后，可在中心管内再下入小直径的金属毡滤砂管，不动原防砂管柱而进行二次防砂；（3）在双管注水防砂井中，利用配套管柱可实现两个层段同时注水防砂。

（7）陶瓷滤砂管。

陶瓷滤砂管的防砂原理是利用烧结形成的多孔陶瓷管阻挡地层砂的侵入。挡砂精度和渗透率可通过选择陶粒粒径和烧制工艺来控制，其结构与环氧树脂滤砂管大致相同，所不同的是在陶瓷管外又加了一层割缝套管（保护外套），避免下井时因碰撞而损坏滤砂管，同时也提高了滤砂管的强度。由于陶瓷材料的耐高温稳定性极好，特别适用于注蒸汽热采井防砂。

（8）环氧树脂砂粒滤砂管防砂。

选用具有良好黏结性能的环氧树脂为胶结剂，同经过筛选的石英砂按比例混合，在一定的条件下固结成型，制成具有较高强度和渗透性的滤砂器，与配套器具组合下入油层出砂部位，阻挡地层砂进入井筒，防止油气井出砂。适用条件是井斜小于3°、套管无变形和破损、油层砂粒度中值大于0.1mm、泥质含量小于20%、地层温度低于80°的油气井。

（9）粉末冶金滤砂管防砂。

选用不同颗粒度的铜合金为基本原料，按一定比例混合后在高温下烧结成具有较高强度和渗透性的滤砂器。该方法具有耐高温、耐腐蚀、强度大、渗透性好、施工简单、成功率高等特点，适用于油气井早期、中期和后期防砂，亦可用于注蒸汽稠油气井防砂。适用于油层泥质含量小于10%、油层砂粒度中值大于0.07mm的油气井防砂。

4）筛管砾石充填防砂

筛管砾石充填防砂具有防砂强度高，成功率高，有效期长，适应性好的特点，经过数十年研究、应用和发展，技术十分成熟。

在井眼内（裸眼或套管内）正对出砂地层下入金属全焊接绕丝筛管，然后泵入砾石砂浆于筛管和井眼环空，如果是套管射孔完成井，还要将部分砾石挤入弹孔和周围地层内，利用充填砾石的桥堵作用来阻止地层砂运移，而充填砾石又被阻隔于筛管周围。这种多级过滤屏障，保证油流沿充填体内多孔系统经过筛管被源源不断地举升至地面，而地层砂则被控制在地层内，实现油气井长期生产又不出砂或轻微出砂。其主要特点：

（1）防砂强度高。

套管内、外密实的砾石充填体阻止地层骨架砂运移，而金属绕丝筛管本身强度很大，渗流面积大，通过筛缝的流动阻力小。所以，该过滤系统能承受较大的生产压差而阻止地层出砂。

（2）有效期长。

由于防砂强度高，不锈钢绕丝筛管耐腐蚀，砾石的化学性能稳定，筛管和充填体过滤体系无运动部件，砂粒被阻隔于系统之外，系统可以保证长期安全生产。

（3）适应范围广。

由于防砂机理是多级过滤，经多年的发展，技术比较成熟，可供选择的工艺方式很多，对地层，油气井适应性很好。不管井段长短，地层流体特性，无论直井、斜井、常规井、热采井，单层完成或多层完成均可获得成功。但对粉细砂岩要慎用，因极细的地层砂可能侵入充填体内造成堵塞使防砂失效。

（4）产能损失相对较小。

传统的防砂方法都不可避免地带来油气井的产能损失，正常的管内砾石充填产能损失约 30%，采取有效的补救措施后，产能损失可降至 15% 左右（ Veeken 等，1991 ）。

但该技术要求井底留有筛管 / 砾石系统，防砂一旦失效时，后期处理（大修）困难，费用较高。其适用范围及选井条件：①不宜用于粉细砂岩（ d_{50} ＜ 0.07mm ）；②套管直径小于 5in 的小井眼施工较困难；③对于多层系油藏，若油田开发方案要求经常调换层系开采的油气井慎用；④注水井和水平井应用较少，尚待研究；⑤进行火烧油层采油的特稠油油藏不宜使用。除以上条件外，绝大部分油气井和地层都适宜采用砾石充填防砂技术。

2. 化学防砂

化学防砂是向油层中注入化学药剂，使疏松砂岩地层的砂粒或充填到地层的砂石胶结起来，稳定地层结构，形成具有一定强度和渗透率的人工井壁，以防止砂粒进入井筒，从而固结地层流砂，达到防止地层出砂的目的（图 3-15 ）。

从 20 世纪 60 年代世界上开始广泛应用至今，化学防砂方法越来越多，工艺也日趋完善，目前已形成了五大类十九种防砂方法。

化学防砂工艺从油层出砂的主要原因着手，达到了标本兼治的目的，化学防砂作为一种重要的防砂手段具有以下特点：（1）化学防砂井的井筒内不留机具，有利于多层完井和层系调整；（2）后处理作业简单，无须套铣、打捞等工艺程序；（3）工艺简单，安全可靠，渗透率恢复值高，生产效果好；（4）更适合细粉砂岩油层的防砂。

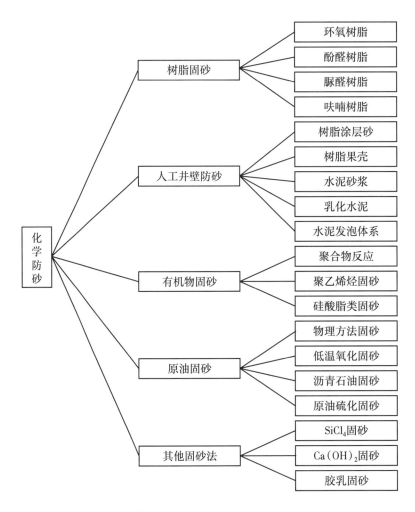

图 3-15　化学方法的分类（Mason 等，2014）

　　但与机械防砂方法相比，化学防砂方法还有许多的不足，主要体现在：
（1）有效期相对比较短。机械防砂一般可以使用 3~5 年，效果好的甚至可以达
到十五年，而化学防砂一般只能维持 3~6 个月，好的情况下最长可以使用一年
的时间（薛锋等，2001）；（2）化学防砂时防砂剂层的固结强度不够高达不到防
砂要求标准，往往固结后投入使用时防砂层被砂粒和石油强大的冲刷力的作用
下被冲开或者是产生裂缝，或者是随时间推移渐渐产生缝隙，直接导致防砂失
败或有效期减短；（3）化学防砂剂的渗透性差，导致防砂施工后严重减产，严
重时直接堵死，石油无法产出（梁金国等，1998）。

3. 复合防砂

　　油田逐步进入特高含水阶段，由于地层条件发生很大变化及产液量不断

增加等诸多因素导致出砂日益严重。很多油气井如果仅采用一种防砂方法施工，往往不能奏效，于是人们开始考虑将两种（或两种以上）的防砂方法相结合——这就是"复合防砂技术"的概念。

复合防砂就是将机械防砂和化学防砂结合起来，以控制油气井出砂的一种防砂工艺技术。该方法综合运用了化学固砂与机械挡砂相结合的原理，阻止地层砂随生产油气流采出而堵塞井筒，达到防砂目的。

复合防砂的思路是内外结合、多级屏障。即在油气井井筒之外对地层进行胶固，在油气井内再用机械装置阻挡地层砂。复合防砂一般首先在射孔段的出砂油层部位，通过树脂固砂或向射孔孔眼内及周围地层中挤注涂层砾石，形成具有高渗透性和高强度的人工井壁；然后在油气井井筒内下入机械滤砂管或进行绕丝筛管砾石充填，利用化学与机械防砂的结合，形成多级挡砂屏障体系，以有效地防止油气层出砂、保证油气井正常生产。

复合防砂工艺技术主要是针对出砂严重的老井，地层亏空大，粉细砂岩油藏的防砂技术。其挡砂强度更高，防砂更可靠，有效期也更长。

目前现场应用的最广泛的复合防砂技术组合形式包括：（1）涂料砂＋滤砂管；（2）涂料砂＋绕丝筛管砾石充填；（3）干灰砂＋滤砂管；（4）干灰砂＋绕丝筛管砾石充填；（5）涂料砂＋割缝管砾石充填。

复合防砂技术发挥了单一防砂技术的优势，扬长避短，相互补充。根据地层条件选择最佳的技术组合是复合防砂技术成功的关键。复合防砂工艺技术特点：（1）挡砂精度高、防砂效果好，可以阻挡 0.02mm 以上的粉细砂；（2）可承受较高的采液强度和较大的生产压差；（3）施工成功率高，防砂有效期长；（4）施工工序复杂，作业成本高，后期处理较困难。

符合防砂适用范围：（1）非均质性严重的细砂岩及粉细砂地层；（2）出砂特别严重的油井、气井和水井；（3）油井、气井和水井的中后期防砂；（4）产液（气）量大，采液强度较高的油井、气井和水井防砂；（5）薄层、夹层多的油气井防砂；（6）常规井及注蒸汽热采井防砂。

复合防砂工艺技术先后在胜利油田的孤岛、孤东、滨南等采油厂应用，主要应用于粉细砂油气井和稠油热采井，取得了良好效果。目前胜利油田复合防砂井次约占 23%。由于采用复合防砂技术，使一些原来单一防砂方法无法奏效的井重新恢复了活力，但在油田开发的特高含水阶段，防砂成本较高。

三、井筒排砂

塔里木盆地库车山前超深气井储层深度 6500~8038m、地层温度 150~190℃、地层压力 105~136MPa，属于"三高气井"。井筒堵塞是影响该区域气井生产的主要生产问题之一，部分井因井筒堵塞严重关井。前期采用了放喷排砂解堵工艺，但未取得明显效果，受近年来连续油管疏通技术在国内高压气井中成功应用（图 3-16）的启示，经过长期的攻关研究，形成针对库车山前高压气井的连续油管优选方法、连续油管作业安全管控方法、连续油管作业配套工具优选定制方法、连续油管作业液体评价优选方法、一井一策工艺设计方法。

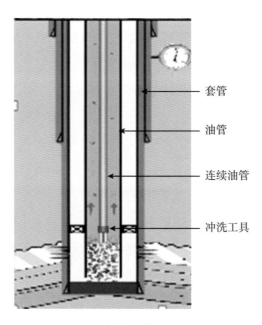

套管

油管

连续油管

冲洗工具

图 3-16　连续油管疏通示意图

1. 连续油管优选方法

塔里木油田深层超深层气井具有"高温高压，井况复杂"的特点，对连续油管作业的安全性提出更高的要求。常规 CT70、CT80 强度连续油管无法满足作业安全需求，需要对管材的强度、尺寸进行科学设计，根据不同井筒管柱结构和井况判断，建立连续油管管柱力学分析模型，进行不同管径、不同钢级的连续油管在不同压力及流体介质中的入井可靠性分析，以及可加钻压情况计算，如图 3-17 所示。通过对钢级分别为 QT1300、CT90、CT100 的 1.75in、2in 连续油管，在井口压力 0MPa、40MPa、70MPa，气体流速 0.3m³/min 的工况下，计算了井底上提悬重、井口下压悬重、无支撑段弯折裕量、上提屈服裕量和下压锁死裕量，最终得出采用 1.75in 或 2in、强度大于 CT100 连续油管且注入头能力不小于 36t 可以满足深层超深层气井的安全作业需求。

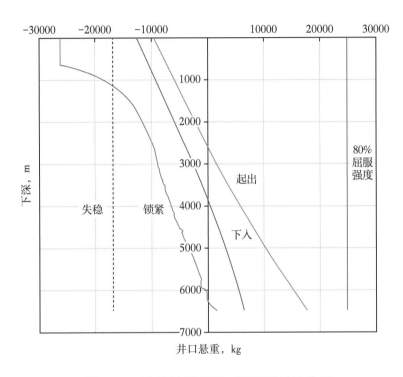

图 3-17　连续油管高压工况下可行性分析

2. 连续油管作业安全管控方法

（1）圈闭压力上顶控制方法。

当连续油管底部工具遇圈闭上顶时，遇阻 2~3tf 就会使井筒内连续油管发生屈服、螺旋弯曲，甚至锁死，最终可能导致连续油管无法提出井筒的现象发生。通过软件校核、技术调研、对策研究形成以压力控制、工艺控制、设备优化为主体的圈闭压力控制方法，主要包括：①井底流压近平衡；②降低井内气液比；③控制解堵速度；④每段解堵 50m 后充分洗井；⑤每过一个遇阻位置后充分洗井；⑥减少无支撑段长度。

（2）形成高压超高压气井连续油管设备配套组合方法。

针对塔里木井况特点，研发了"双联防喷装置（表 3-3）、井口塔式作业支架、在线检测系统"，完成了超深、超高压井连续油管作业装备及设施的配套，保障了井控安全和高效作业。

表 3-3　深层、超深层井作业设备和设施情况

项目	深井作业设备	超深井作业设备
注入头	型号：HR360； 最大上提载荷：36tf； 最大下推载荷：18tf； 鹅颈管尺寸：72in	型号：HR450； 最大上提载荷：45tf； 最大下推载荷：22.5tf； 鹅颈管尺寸：90in
双联防喷盒 防喷器	型号：4.06-10K 侧门； 压力等级：70MPa	型号：4.06-15K 侧门； 压力等级：105MPa
	型号：5.12-10K 四闸板； 压力等级：70MPa	型号：5.12-15K 四闸板； 压力等级：105/140MPa

　　自主研发的专用塔架式支架，取代了吊车完成注入头、防喷器组与井口连接、支撑、稳固、平衡的功能，具有稳定性好、作业时间长、安全系数高、抗大风（可抵抗 10 级大风）能力强的特点，目前成功运用于塔中、迪那、克深等超深井区块。

　　连续油管在线检测系统检测精度（图 3-18）与国外主流检测系统接近，部分指标优于国外，目前已在库车、塔中超深井复杂井作业中全面使用。可实现局部缺陷、连续油管壁厚、直径、椭圆度的综合检测。

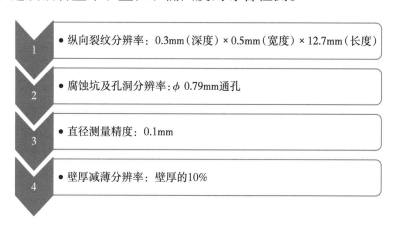

1　● 纵向裂纹分辨率：0.3mm（深度）×0.5mm（宽度）×12.7mm（长度）

2　● 腐蚀坑及孔洞分辨率：ϕ 0.79mm通孔

3　● 直径测量精度：0.1mm

4　● 壁厚减薄分辨率：壁厚的10%

图 3-18　在线检测装置精度

3. 连续油管作业配套工具优选定制方法

　　根据库车山前完井管柱复杂、变径多等特点，根据不同井况，充分考虑作业需求，结合排量、压降、外径、倒角、耐温、承压、耐腐蚀等性能，实现井况摸排—作业需求—图纸绘制—专业加工—实验评价—现场应用系统的优选定制方法，目前已实现冲洗头、射流解堵工具、磨铣工具、切割工具、钻塞工

具、打捞工具等的定制加工，并结合作业目的，定型管串组合，在现场大面积推广使用。

4. 连续油管作业液体体系优选方法

以满足作业目的为出发点，建立一套连续油管作业液体评价优选方法，分析钻完井液情况，开展软件模拟计算摩阻泵压（表3-4），充分考虑泵注性、配伍性、高温高压稳定性、携带性；快速分析固液成分、安全环保性等因素，形成以40%甲酸钾 YJS-2+0.2% 流型调节剂 XC-1+0.4% 增黏提切剂 PAC-HV 为主的冲砂液体系。同时通过落球法沉降实验确定砂砾在冲砂液中的沉降速度，并计算不同排量下流体在连续油管与油管环空的上返速度（表3-5），确定合理的排量。

5. 一井一策工艺设计方法

超深井连续油管作业设计缺乏可借鉴的经验，探索出一套以"下得去、起得出、冲得动、返得出"为原则、统筹考虑装备设施、井下工具、软件模拟、工作液、风险控制等因素的一井一策工艺设计方法（图3-19），大幅提升了工程设计水平，从源头上确保了安全高效作业。

表 3-4 冲砂液性能模拟

参数	CT 选型			
	QT1300 1.75in 7300m	CT110 1.75in 7350m	CT110～2.0in 5000m+1.75in2300m	CT110～2.0in 4000m+1.75in3300m
管内摩阻，MPa	18.537	22.635	13.252	14.572
环空摩阻，MPa	5.344	5.344	6.687	6.017
工具压降，MPa	19.9	19.9	19.9	19.9
总压降，MPa	43.781	47.879	39.839	40.489
井底流压，MPa	80.576	80.576	81.918	81.249
预计井口压力，MPa	23.424	23.424	22.082	22.751
预计泵压，MPa	67.205	71.303	61.921	63.24
环空最小返速，m/s	0.657	0.657	0.657	0.657
上返时间，min	80.826	80.826	74.358	75.941
环空容积，m³	24.248	24.248	22.307	22.782
冲砂液密度 1.2g/cm³，泵排量 300L/min				

表 3-5　砂砾沉降及环空流动速度表

排量 m³/min	2.03mm 砂砾 沉降末速度 m/s	3.05mm 砂砾 沉降末速度 m/s	6mm/8mm 石子在 冲砂液中沉降速度 （室温），m/s	连续油管与内径 为 φ74mm 油管 环空流速，m/s	连续油管与内径 为 φ76mm 油管 环空流速，m/s
0.13	0.091	0.106	0.11/0.14	0.95	0.86
0.15	0.091	0.106	0.11/0.14	1.1	0.99
0.16	0.091	0.106	0.11/0.14	1.17	1.06
0.17	0.091	0.106	0.11/0.14	1.24	1.13
0.18	0.091	0.106	0.11/0.14	1.32	1.19
0.20	0.091	0.106	0.11/0.14	1.47	1.33
0.22	0.091	0.106	0.11/0.14	1.61	1.46
0.25	0.091	0.106	0.11/0.14	1.83	1.66

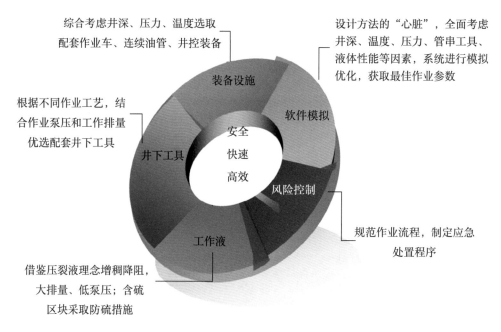

图 3-19　一井一策工艺设计方法图

四、井口除砂

井口除砂器主要用于油气井试油期间或生产中对井筒产出流体中携带的固体颗粒进行分离处理，避免高速流体中裹挟的砂粒对试油地面测试流程或生产流程带来的破坏，给员工、设备均带来重大风险。井口除砂器根据结构形式为滤筒式和旋流式。

1. 滤筒式井口除砂器

滤筒式除砂器又名滤砂器，其原理是利用不同粒径的砂粒受到的离心力和重力的不同来滤除流体中的砂粒。在除砂器的除砂筒中安装一定尺寸规格的滤网管，当井内携带砂子的流体流经除砂器时，砂子被滤网管挡下，流体经滤网管上开的孔眼流走，过滤出的砂子通过排砂通道被排出，从而达到除砂的目的。为确保除砂不间断进行，设置备用筒、工作筒，通过管汇控制确保含砂流体可全部进入除砂筒，并到达挡环，流体最终被反射到不同方位，凭借此形成的重力和离心力，在滤网中砂粒积累到底部，然后再历经过滤途经除砂筒、过滤网的环空进行排出（王梁，2018），如图 3-20 所示。滤筒式除砂器的核心部

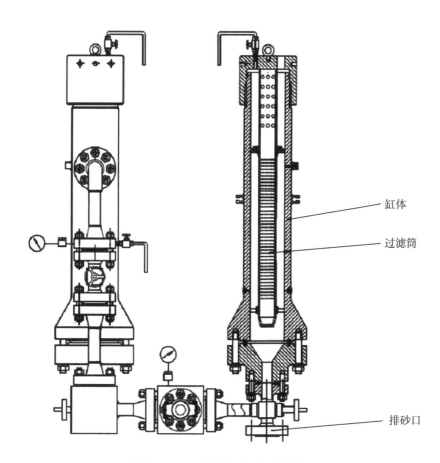

缸体

过滤筒

排砂口

图 3-20 滤筒式除砂器结构图

件为滤网管，由不锈钢丝环向缠绕并焊接而成圆筒滤网。不锈钢丝环向缠绕的间距决定了滤网管的过滤孔孔径，常用的滤网管孔径规格有：100μm、150μm、200μm、300μm 等。作业中根据拟处理流体中的砂子的粒径大小来选择滤网管的规格。

2. 旋流式井口除砂器

旋流除砂器是通过离心作用将在气体中悬浮的砂粒滤除的设备，具有较为广泛的应用前景。其组成部分通常包括进气管、排灰口、排气管、圆筒和锥体等。含有砂粒的气体经过进气管后步入柱段，沿缸壁运动的气体呈螺旋状运动并逐渐下移，在离心作用下的固态砂粒逐渐下沉到旋流器壁底部。由于离心力较大，粗颗粒在重力的作用下向旋流器壁面运动且从旋流器最下部排砂口随外旋流排出；由于离心力较小，细颗粒尚未沉降就随着气体从顶部溢流了。运用溢流、底流分离不同介质。旋流除砂器的优点在于其不需要运动部件，结构简单，可靠性强，其工作原理如图 3-21 所示。

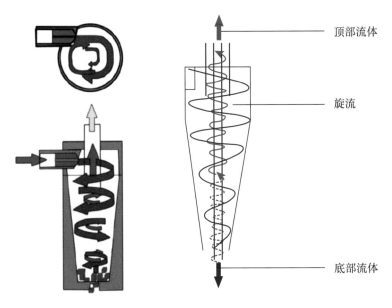

图 3-21　旋流式除砂器工作原理

塔里木油田已确定在博孜、大北区块开展井口除砂试验，共计试验的 5 口井均已安装完成，其中博孜 1JS 井已运行 3 个月左右（图 3-22），并在井口取得了蜡样和砂样，后期将通过调节油嘴开度，明确临界出砂生产压差，验证、优化出砂预测模型，建立库车山前气井合理开采制度。

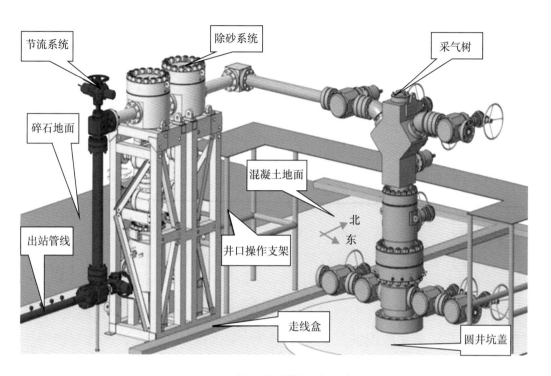

图 3-22　井口除砂器安装示意图

第四章　深层高温高压气井化学除垢技术

针对深层气井井筒垢堵难题，塔里木油田早期试验了产层油管穿孔、放喷排砂、修井等施工方法。迪那 2 气田早期对 3 口井实施了 5 井次油管穿孔作业，措施初期有一定效果，但持续时间受井筒堵塞情况、穿孔工艺影响，有效期 1 个月到 1 年不等，措施后的单井最终仍避免不了再次异常甚至关井。同时克深气田对异常井采取了"放喷排砂解堵"试验，克深 16 口出砂气井开展 65 井次放喷排砂作业，最终复产率低，稳产时间短，且放大生产压差可能带来更严重的出砂堵塞问题。随后，对 5 口异常井开展更换管柱修井作业，施工周期长、费用高，修井后单井产能恢复率 35.8%~79.3%，难以实现全面高效复产。连续油管疏通技术可以有效处理井筒内堵塞物，但对近井储层的堵塞物清除较为困难，解堵后产能恢复率 60%~80%。化学解堵技术能够溶蚀油管和近井储层部分的堵塞物，关键是研发高溶蚀、低腐蚀解堵液体系和配套系列解堵工艺，实现高效溶蚀堵塞物，恢复气井生产通道。

第一节　深层高温高压气井结垢机理

一、深层气井气液两相流动特征

1. 高压气井气水比例

气井从投产开发到枯竭的整个阶段，历经较长的无水采气期和带水生产期两个阶段。无水采气期产气为主，产水较少，主要为凝析水，随着边底水突进进入井筒，产水急剧上升。图 4-1 为塔里木油田库车山前高压气井 2022 年 6 月的气水比分布，高压气井气水比普遍处于 $1\sim10m^3/10^5m^3$，大部分处于无水采气区。

2. 高压气井气水相流速分布

通过多相流模拟软件模拟一口 6000m 产水气井生产情况，以 $3\frac{1}{2}$in 油管生产，日产气量在（$20\sim100$）$\times10^4m^3$，气水比 $1m^3/10^5m^3$，计算井筒内气水、流速如图 4-2 所示，天然气流速处于 0.7~7m/s，地层水流速处于 0.065~0.65m/s 范围内。

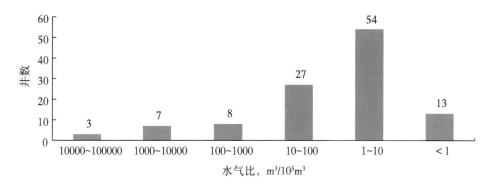

图 4-1　塔里木油田库车山前深层天然气井气水比

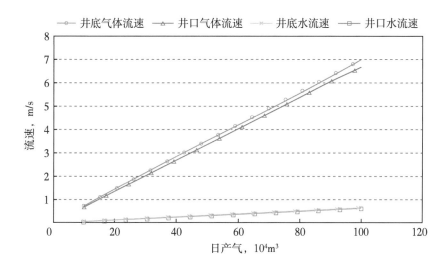

图 4-2　深层天然气井气水流速

3. 高压气井气水两相流型

根据垂直管道气液两相流型图（图 4-3），气液两相呈过渡流体和雾流流态，此时气为连续相，水以液滴形式分散在气体中，或以间断液膜形式吸附在管壁表面，因此室内实验重点研究在液滴、液膜情况下的气井结垢规律。

二、高温高压结垢观测实验方法

1. 实验原理

通过体式偏光显微镜观察可视化高压反应釜上方的中心孔，利用计算机采集系统对时间、温度、压力以及视频图像进行实时采集，在一定温度压力条件下，对地层水结垢进行观察。

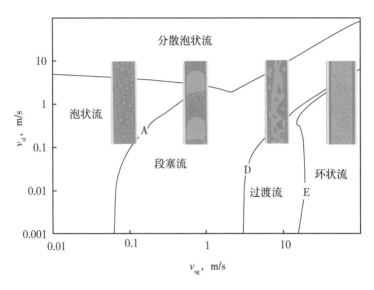

图 4-3 深层气井直井气液两相流流型图

2. 实验仪器

高温高压原位可视化结垢微观观测仪主要包括体式偏光显微镜、计算机采集系统、可视化高压反应釜、高低温循环冷浴装置、高压驱替泵、中间容器、电热式恒温箱与温度传感器，如图 4-4 所示。测试温度范围 -30~300℃，测试压力范围常压至 100MPa。

图 4-4 高温高压原位可视化结垢微观观测仪

3. 实验步骤

实验采用高温高压原位可视化结垢微观观测仪，对实验样品在一定压力条件下进行结垢可视化观测。具体实验步骤如下：

（1）加温加压。在中间容器里装有实验样品，将其放入电热式恒温箱中加热至实验温度，并加压至实验所需压力。

（2）连接仪器部件。清洗高压反应釜并安装，并启动高低温循环装置开始升温至实验温度。

（3）调整视野。对显微镜图像采集摄像头进行白平衡与色彩对比度的调整，调节粗准焦螺旋以找到成像面，在调节细准焦螺旋使图像清晰，以得到最佳观察画面。

（4）注入流体。打开样品端阀门排空后，关闭阀门并恒压恒温。

（5）记录数据。使用计算机采集系统实时记录高压反应釜中画面与温度，观测不同温度压力下的结垢情况。

4. 实验结果

（1）温度对地层水液膜成垢影响。

随着温度增加，析垢速度越来越快，析出的垢越来越多，如图 4-5 所示。大部分垢结在金属上，清除较难。

(a) 50℃, 100MPa　　　　　(b) 100℃, 10MPa　　　　　(c) 138℃, 100MPa

图 4-5　液膜最终析垢图

（2）压力对地层水液膜成垢影响。

随着压力增加，析垢速度变慢，析出垢少，如图 4-6 所示。大部分垢结在金属上，清除较难。

（3）结垢量对地层水液膜成垢影响。

随着结垢量增加，析垢速度越来越快，析出的垢越来越多，见图 4-7。

(a)138℃，5MPa　　　　　　　　　　　(b)138℃，10MPa

图4-6　液膜最终析垢图

(a)第一次　　　　　　(b)第二次　　　　　　(c)第三次

图4-7　液膜最终析垢图

三、高温流动压降结垢机理

1. 结垢影响因素

对于气井而言，气藏基质储层成藏过程中局部排驱不充分，存在少量可动的滞留地层水，地层水中含有 Ca^{2+}、Mg^{2+}、Ba^{2+} 等二价阳离子，SO_4^{2-}、HCO_3^- 等阴离子，为结垢提供充分的物质来源。气、水两相从地层至井筒、井口的流动过程中，其温度、压力在连续变化，导致水中化学平衡变化和离子浓度变化，产生结垢。其中 Ca^{2+} 与 SO_4^{2-} 结合形成 $CaSO_4$ 微溶盐，$CaCO_3$ 形成受碳酸一级离解、碳酸二级离解等反应影响，离解出的 CO_3^{2-} 与 Ca^{2+} 形成 $CaCO_3$ 微溶盐，难溶、微溶盐成为后期结垢的物质基础，主要的反应方程式如下：

$$CO_2(aq) + H_2O \Longleftrightarrow HCO_3^- + H^+$$

$$HCO_3^- \Longleftrightarrow CO_3^{2-} + H^+$$

$$Ca^{2+}(aq) + CO_3^{2-} \Longrightarrow CaCO_3(s)\downarrow$$

$$Ca^{2+} + SO_4^{2-} \Longrightarrow CaSO_4(s)\downarrow$$

天然气—地层水体系结垢受环境温度、压力，结垢离子浓度、天然气组分等因素影响，下面依次进行分析。

（1）温度。

温度因素会影响易结垢盐类的溶解度，温度越高，无机盐类溶解度越小，结垢速度会增大，从而有更多的垢晶体析出，如图4-8（a）所示。同一温度下，不同种类的垢物具有不同的溶度积，K_{sp}越小，垢物越难溶，影响K_{sp}的因素主要包括难溶物质性质和温度（王兵，2007），如图4-8（b）所示。

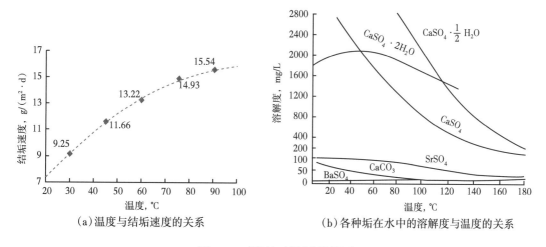

（a）温度与结垢速度的关系　　（b）各种垢在水中的溶解度与温度的关系

图4-8　温度对结垢的影响

（2）压力。

压力变化可以改变水中碳酸根离子和碳酸氢根离子的浓度。在采气井含有二氧化碳的情况下，压力变化可以改变水中的二氧化碳含量。采气井的压力从井底到井口不断下降，水中的二氧化碳不断析出，水中的碳酸根离子不断增加，在钙离子存在的条件下，就容易形成碳酸钙晶体析出并吸附于管壁（刘文远，2020）。由图4-9可知，随压力升高，结垢速度减小。

（3）矿化度。

氯离子在一定浓度范围内可以增加碳酸钙的溶解度，在超过某一浓度之后，由于盐析作用，则会降低碳酸钙的溶解度。钾离子和钠离子对碳酸钙溶解度的影响与氯离子相似。随着氯离子浓度的增大，硫酸钙的溶解度会增大，而在含硫酸根离子的水中硫酸钙的溶解度会明显下降；钾离子、钠离子会促进硫酸钙的溶解。水中的氯离子、钾离子、钠离子都可以明显促进硫酸钙溶解，而硫酸根离子对硫酸钙的溶解有强烈的抑制作用。对于硫酸钡，钡离子和硫酸根离子浓度越大，结垢量越大（李雪娇，2015），如图 4-10（a）和图 4-10（b）所示。

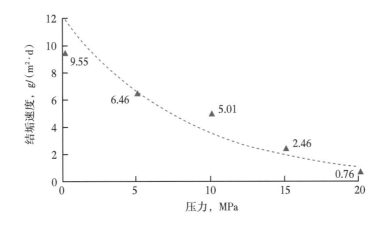

图 4-9 压力对结垢速度的影响

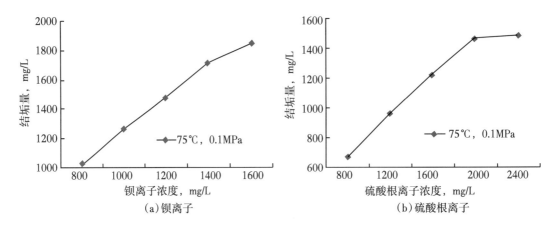

（a）钡离子   （b）硫酸根离子

图 4-10 不同离子浓度与结垢量的关系

（4）天然气组分。

天然气组分中主要是 CO_2 含量对结垢有影响。通过实验得到了不同 CO_2 含量下迪那 2-A 井结垢量的变化曲线，发现随 CO_2 含量增加，$CaSO_4$ 结垢量一直上升，而 $CaCO_3$ 结垢量先降低后升高，说明 CO_2 对 $CaCO_3$ 结垢量的影响存在一个临界含量（沈建新，2022）。当 CO_2 含量低于临界值时，Ca^{2+} 直接与 HCO_3^- 反应，由式（4-1）可知，随着 CO_2 含量的增加，使得化学平衡向左移，

导致 $CaCO_3$ 结垢量减少。

$$Ca^{2+} + 2HCO_3^- \rightleftharpoons CaCO_3 + CO_2 + H_2O \qquad （4\text{-}1）$$

当 CO_2 含量高于临界值时，CO_2 溶于水，使得 HCO_3^- 增多，其反应式为

$$CO_2 + H_2O \rightleftharpoons HCO_3^- + H^+ \qquad （4\text{-}2）$$

结合式（4-1）与式（4-2）可得到反应方程为

$$Ca^{2+} + CO_2 + H_2O \rightleftharpoons CaCO_3 + 2H^+ \qquad （4\text{-}3）$$

由式（4-3）可知，CO_2 含量高于临界值时，CO_2 含量的继续增加使得化学平衡向右移，进而 $CaCO_3$ 结垢量增多，如图 4-11 所示。

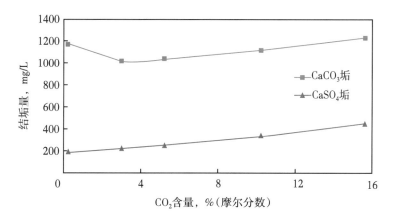

图 4-11　结垢量与 CO_2 含量变化曲线

2. 水相蒸发促进结垢离子浓度上升

开展温度、压力对井筒内气水两相平衡比例的影响规律实验，可以看出气水比随着压力下降快速下降（尤其是在低于 30MPa 下），即地层水迅速蒸发进入气相，导致结垢离子浓度快速上升，促进结垢，如图 4-12 所示。开展高温高压液滴、液膜结垢过程微观观测实验，观察到 138℃、10MPa 下液滴在气相中迅速蒸发，液膜中迅速形成垢晶，且压力越低，结垢现象越明显，如图 4-13 所示。

3. 压降促进 CO_2 逸出

CO_2 在水中溶解量与压力成正相关，高温下压力降低导致水相中的 CO_2 逸出进入气相，致 $CaCO_3$ 结垢反应平衡正向进行，促进结垢产生，如图 4-11 和图 4-12 所示。综上，高温高压气井结垢主要受液膜液滴水相蒸发、水相中结

垢离子浓度上升和水相中 CO_2 逸出、促进结垢反应正向进行两项主要结垢机理，而高温下压力下降是结垢的直接原因。

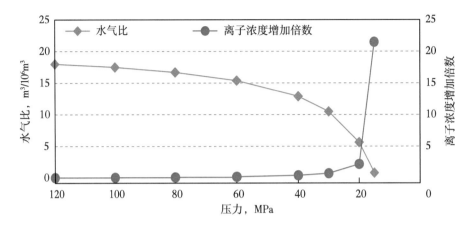

图 4-12　138℃ 条件下压力对气水比的影响规律

图 4-13　138℃，10MPa 条件下液滴快速蒸发过程

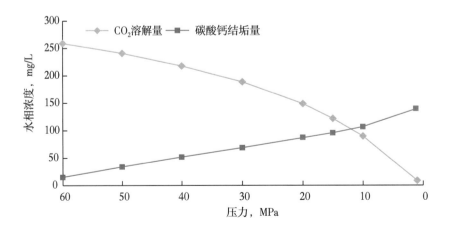

图 4-14　138℃、10MPa 条件下压力与结垢量的关系

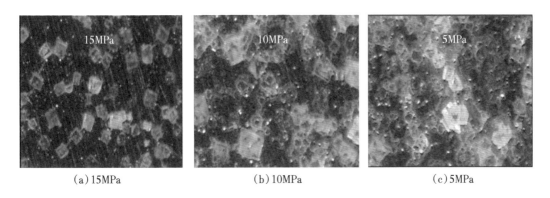

（a）15MPa   （b）10MPa   （c）5MPa

图 4-15　138℃ 条件下液膜垢晶析出实验

根据现场资料可知，井筒变径最大的位置堵塞严重，其他位置不堵塞或仅轻微堵塞。井筒堵塞主要发生在井下缩径节流处，井筒变径最大的位置是油管底部的球座，球座附近结垢量最多，占整个井筒结垢量的 68.4%~87%。统计分析迪那区块井筒堵塞物成分可知，井筒结垢的垢物类型主要为 $CaCO_3$、$CaSO_4$，因此本文建立的结垢模型也主要是针对碳酸盐与硫酸盐结垢。

迪那 2-11 井球座附近堵塞机理示意图如图 4-16 所示。由此可见，球座位于井底附近，所处位置温度压力高，井筒球座附近的堵塞机理为：

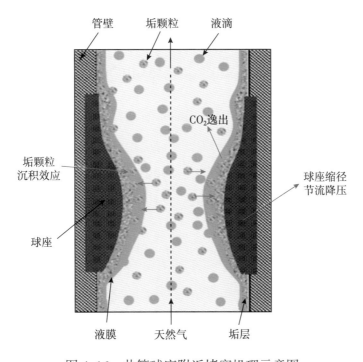

图 4-16　井筒球座附近堵塞机理示意图

（1）井底附近的高温使水蒸发较快，水中离子浓度增加加剧垢的形成；

（2）球座位置产生节流降压作用使得溶解在水中的 CO_2 逸出，其分压降低，易形成 $CaCO_3$ 垢；

（3）管内径缩小程度越大，越会加剧节流效应，加速管壁垢层的生长；液膜中形成的垢黏附在油管内壁；液滴中形成的垢在径向流速作用下，部分沉积在球座或管内壁。

第二节　深层高温高压气井结垢预测方法

一、结垢定性预测方法

气井结垢预测是开展气井治垢、防垢措施的基础，对气井生产井筒流动保障研究具有重要意义。目前对于油气水井结垢预测，行业标准 SY/T 0600—2016《油田水结垢趋势预测方法》定义了 $CaCO_3$、$CaSO_4$ 等结垢预测方法。

1. $CaCO_3$ 预测方法

对于气井，常采用 Oddo-Tomson 饱和指数法，计算公式如下：

$$IS = \lg\left\{\frac{\left[Ca^{2+}\right]\left[HCO_3^-\right]^2}{145p Y_g^{CO_2} f_g^{CO_2}}\right\} + 5.85 + 15.19 \times 10^{-3} \times (1.8t + 32)$$
$$-1.64 \times 10^{-6} \times (1.8t + 32)^2 - 764.15 \times 10^{-5} p - 3.334\mu^{0.5} + 1.431\mu \tag{4-4}$$

$$f_g^{CO_2} = e^{145p\left[2.84\times10^{-4} - 0.255/(1.8t+492)\right]} \tag{4-5}$$

$$Y_g^{CO_2} = Y_t^{CO_2}\left[1 + \frac{145p f_g^{CO_2} \times 6.29 \times (5Q_w + 10Q_o) \times 10^{-5}}{35.32 Q_g \times 10^{-6} \times (1.8t + 492)}\right] \tag{4-6}$$

式中　IS——饱和指数；

　　　t——温度，℃；

　　　p——绝对压力，MPa；

　　　$\left[Ca^{2+}\right]$——水中 Ca^{2+} 浓度，mol/L；

　　　$\left[HCO_3^-\right]$——水中 HCO_3^- 浓度，mol/L；

　　　$f_g^{CO_2}$——在 CH_4 和 CO_2 混合气中，CO_2 逸度系数；

$Y_g^{CO_2}$——一定温度压力下，CO_2 在气相中含量，%；

$Y_t^{CO_2}$——地面条件下，CO_2 在油气水混合体系中的含量，%；

Q_g——在标准温度和压力下的日采气量，m^3；

Q_o——每日采油量，m^3；

Q_w——每日采水量，m^3；

μ——物质的化学势。

判断准则：当 $IS > 0$，有结垢趋势，当 $IS=0$，临界状态，$IS < 0$，无结垢趋势。

2. $CaSO_4$ 预测方法

硫酸钙结垢趋势，计算公式如下：

$$S = 1000\sqrt{X^2 + 4K_{sp}} - X \tag{4-7}$$

式中　S——$CaSO_4$ 结垢趋势预测值，mmol/L；

K_{sp}——溶度积常数，由水的离子强度和温度的关系曲线查得；

X——Ca^{2+} 与 SO_4^{2-} 的浓度差，mol/L。

由水中实测的 Ca^{2+} 和 SO_4^{2-} 浓度，在计算出水中 $CaSO_4$ 实际含量 c，c 取 Ca^{2+} 和 SO_4^{2-} 浓度的最小值，单位毫摩尔每升（mmoL/L），将 S 与 c 进行比较。

判断准则：$S < c$，有结垢趋势，$S=c$，临界状态，$S > c$，无结垢趋势。

3. $BaSO_4$ 预测方法

$BaSO_4$ 结垢量预测计算方法如下：

$$C_{BaSO_4} = 233.36 \times \frac{(m+a) - \sqrt{(m+a)^2 - 4ma + 4K_{sp}}}{2} \tag{4-8}$$

式中　m——Ba^{2+} 含量，mol/L；

a——SO_4^{2-} 含量，mol/L；

C_{BaSO_4}——水质稳定后水中硫酸钡结垢量，g/L；

K_{sp}——$BaSO_4$ 垢溶度积，25℃ 时值为 1.08×10^{-10}，$(mol/L)^2$。

二、结垢定量预测方法

在没有外界影响的条件下，处于热力学平衡状态的系统，表现为系统各部分的宏观性质（如系统的化学成分，各物质的量，系统的温度、压力、体积、密度等）在长时间内不发生任何变化。一个系统的热力学状态包括了相平衡与化学平衡。经典的结垢预测理论有溶度积规则、离子缔合理论、油田水饱和指数方程之类，它们都是基于无机盐成垢过程中物质平衡、能量守恒、相态平衡、电中性等热力学基本理论演化而来。基于这些经典平衡理论，利用溶度积规则建立结垢预测模型的，使用 Pitzer 模型求解化合物活度系数。

1. 静态热力学模型

1）无机盐结垢的热力学平衡条件

实际条件下地层水溶液是一个多元沉淀、溶解的平衡体系，既存在无机盐成垢离子的离解、成垢的液—固相平衡，还有地层水、挥发性气体特别是酸性气体组分的溶解、蒸发的气—液相平衡，同时还有弱酸离子在水中水解、离解的分解平衡。从热力学角度出发，对各种平衡机理及条件进行论述。本节以热力学为基础，研究不同温度、压力下的溶解度变化和计算平衡条件下固—液、气—液物质形态。

给定温度 T、压力 p 下，某物质 W 在 α、β 两项中的化学平衡，可用 W 的化学势来描述，平衡时表达式为：

$$\mu^{\alpha}\left(T,p,n^{\alpha}\right)=\mu^{\beta}\left(T,p,n^{\beta}\right) \tag{4-9}$$

式中　μ^{α}——物质在 α 相中的化学势，J/mol；

　　　μ^{β}——物质在 β 相中的化学势，J/mol；

　　　n^{α}——系统中各组分在 α 相中的浓度，mol/L；

　　　n^{β}——系统中各组分在 β 相中的浓度，mol/L；

　　　T——温度，K；

　　　p——压力 MPa。

2）标准状态与标准化学势

固相的标准状态：系统温度、压力下组分是纯晶体时的状态。气体的标准状态：参考压力（100kPa），系统温度下的理想气体的状态。对于液相，存在两个不同的标准态，一个关于溶剂，另一个关于离子和分子。均相准则用于水，而基于摩尔分数的非均相准则用于其他物质。

对于水，相平衡时化学势表达式为：

$$\mu_{\mathrm{w}}=\mu_{\mathrm{w}}^{0}+RT\ln a_{\mathrm{w}}=\mu_{\mathrm{w}}^{0}+RT\ln\left(\gamma_{\mathrm{w}}\cdot x_{\mathrm{w}}\right) \tag{4-10}$$

式中　μ_w——水的化学势，J/mol；

　　　μ_w^0——水的标准态化学势，J/mol；

　　　a_w——水的活度，mol/kg；

　　　R——气体常数，8.314472J/（mol·K）；

　　　T——系统温度，K；

　　　x_w——水的摩尔浓度，mol/kg；

　　　γ_w——水的活度系数。

离子 i（或溶质 i）的化学势表达式

$$\mu_i = \mu_i^* + RT\ln\left(\gamma_i^* \cdot x_i\right) \qquad （4\text{-}11）$$

式中　μ_i——离子 i（或溶质 i）的化学势，J/mol；

　　　μ_i^*——系统温度、压力下，离子 i（或溶质 i）的标准态化学势，与非均相准则和摩尔分数相关，J/mol；

　　　γ_i^*——离子 i（或溶质 i）的非均相活度系数，当 $\sum x_i \to 1$ 时 $\gamma_i^* \to 1$；

　　　x_i——离子 i（或溶质 i）的摩尔分数。

标准状态是纯组分状态，无限稀释时溶质的活度系数等1。非均相活度系数为均相活度系数 γ_i 与无限稀释状态下的均相活度系数 γ_i^∞ 的比值，其表达式为：

$$\gamma_i^* = \gamma_i / \gamma_i^\infty \qquad （4\text{-}12）$$

式中　γ_i——均相活度系数；

　　　γ_i^∞——无限稀释状态下的均相活度系数。

在进行计算时，要用到相关物质的标准状态化学势。25℃ 时，1 个大气压下的这些化学势数据能在各种数据库里找到。

3）体系的液—固相平衡

对于无机化合物 M_{ν_M}，$X_{\nu_X} \cdot n H_2O$ 在水溶液体系中存在如下平衡：

$$M_{\nu_M}X_{\nu_X} \cdot nH_2O(c) \leftrightarrow \nu_M M(aq) + \nu_X X(aq) + nH_2O(l) \qquad （4\text{-}13）$$

式中　$M_{\nu_M}X_{\nu_X} \cdot nH_2O$——化合物；

　　　M、X——离子种类，分别为金属阳离子和阴离子；

　　　ν_M——金属离子数；

　　　ν_X——阴离子个数。

平衡条件下化学势的表达式：

$$\mu_{M_{\nu M} X_{\nu X} \cdot nH_2O} = \mu_{M^{zM+}(aq)} + \nu_X \mu_{X^{zX-}(aq)} + n\mu_w \quad （4-14）$$

式中　$\mu_{M_{\nu_M} X_{\nu_x}} \cdot nH^2O$——化合物的化学势，J/mol；

　　　$\mu_{M^{zM+}(aq)}$——M 离子的化学势，J/mol；

　　　$\mu_{X^{zX}(aq)}$——X 离子的化学势，J/mol。

平衡时，化合物 $M_{\nu_M} X_{\nu_x} \cdot nH_2O$ 的化学势为：

$$\begin{aligned}
&\left(\gamma^*_{M^{zM+}} x_{M^{zM}} \right)^{\nu_M} \left(\gamma^*_{X^{zX-}} x_{X^{zX-}} \right)^{\nu_X} a_w^n \\
&= \exp\left(-\frac{\nu_M \mu^*_{M^{zM}} + \nu_X \mu^*_{X^{zX}} + n\mu^0_w - \mu^0_{M_{\nu M}} X_{\nu X} \cdot nH_2O}{RT} \right)
\end{aligned} \quad （4-15）$$

式中　γ——活度系数；

　　　x_M——M 离子摩尔浓度，mol/L；

　　　a_w——水的活度，mol/kg。

4）溶液中离子的物质平衡

溶液中离解平衡可以用一个与固—液平衡类似的方式来描述，碳酸氢根离子的离解为：

$$HCO_3^-(aq) \rightleftharpoons CO_3^{2-}(aq) + H^+(aq) \quad （4-16）$$

由式（4-11）和式（4-15）给出的离解平衡时的化学势为：

$$\frac{x_{CO_3^{2-}} \cdot \gamma^*_{CO_3^{2}} \cdot x_{H^+} \cdot \gamma^*_{H^+}}{x_{HCO_3^-} \cdot \gamma^*_{HCO_3^-}} = \exp\left(-\frac{\mu^*_{CO_3^{2-}} + \mu^*_{H^+} - \mu^*_{HCO_3^-}}{RT} \right) \quad （4-17）$$

式中　$x_{CO_3^{2-}}$——CO_3^{2-} 离子浓度，mol/L；

　　　$\gamma^*_{CO_3^{2-}}$——CO_3^{2-} 活度系数；

　　　x_{H^+}——H^+ 离子浓度，mol/L；

　　　$\gamma^*_{H^+}$——H^+ 活度系数；

　　　$x_{HCO_3^-}$——HCO_3^- 离子浓度，mol/L；

　　　$\gamma^*_{HCO_3^-}$——HCO_3^- 活度系数；

　　　$\mu^*_{CO_3^{2-}}$，$\mu^*_{H^+}$，$\mu^*_{HCO_3^-}$——CO_3^{2-}、H^+、HCO_3^- 的离子化学势，J/mol。

由式（4-15）和式（4-17）得出平衡常数 $K_{e,j}$ 为：

$$K_{e,j} = \exp\left(-\frac{\Delta_r G_j^0}{RT}\right) \tag{4-18}$$

式中　$K_{e,j}$——平衡常数；

$\Delta_r G_j^0$——在温度 T 压力 p 下标准态吉布斯自由能的变化，J/mol；

R——气体常数，8.314472J/（mol·K）；

T——系统温度，K。

5）体系的气—液相平衡

当所有组分和相态变化满足式（4-6）时，系统便到达平衡。对于挥发性物质如水，其气—液平衡用下式表示为：

$$H_2O(l) \Longleftrightarrow H_2O(g) \tag{4-19}$$

那么式（4-6）变为：

$$\mu_{w,l} = \mu_{w,g} \tag{4-20}$$

式中　$\mu_{w,l}$，$\mu_{w,g}$——气相和液相的化学势，J/mol。

气相中挥发性组分 i 的化学势为：

$$\mu_i = \mu_i^{IG} + RT\ln\left(f_{i,g}/P_0\right) \tag{4-21}$$

式中　μ_i^{IG}——组分 i 的标准态化学势，J/mol；

P_0——参考压力（100kPa）；

$f_{i,g}$——在系统温度、压力下，气相中组分 i 的逸度，Pa。

逸度表达式为：

$$f_{i,g} = y_i\phi_{i,g}p \tag{4-22}$$

式中　y_i——气相中组分 i 的摩尔分数；

p——总压力，Pa；

$\phi_{i,g}$——气相中组分 i 的逸度系数。

当压力足够低时，逸度系数趋近于1，i 的逸度可认为是组分的分压。

联立式（4-9）、式（4-10）、式（4-20）、式（4-21）、式（4-22）有：

$$\mu_w^0 + RT\left(\gamma_w x_w\right) = \mu_w^{IG} + RT\ln\frac{y_i\phi_{i,g}p}{p_0} \tag{4-23}$$

水的气—液平衡方程为：

$$\ln \frac{y_i \phi_{i,g} p}{\gamma_w x_w p_0} = \frac{\mu_w^0 - \mu_w^{IG}}{RT} \qquad (4-24)$$

式中　y_i——指气相中组分 i 的摩尔分数；

　　　p——总压力，Pa；

　　　$\phi_{i,g}$——气相中组分 i 的逸度系数；

　　　μ_w^{IG}——气态水的化学势，J/mol；

　　　μ_w^0——液态水的化学势，J/mol；

　　　γ_w——水的活度系数；

　　　x_w——水的摩尔分数。

式（4-23）的方法需要气态水的化学势 μ_w^{IG} 和液态水的化学势 μ_w^0。临界温度以上的这些化学势不易获得。因此，可用关联 Henry 常数和 Poynting 因子的方法来研究 CO_2。

液相中组分 i 的逸度可由下式算得：

$$f_{i,g} = H_{i,j} \gamma_i^* x_i \qquad (4-25)$$

式中　$H_{i,j}$——在溶剂 j 中组分 i 的 Henry 常数；

　　　γ_i^*——组分 i 的活度系数；

　　　x_i——组分 i 的摩尔分数。

$H_{i,j}$ 可表示为：

$$H_{i,j} = \lim_{x_i \to 0} \left(\frac{f_{i,l}}{\gamma_i^* x_i} \right)_{T,p,n_{j \ne i}} \qquad (4-26)$$

式中　$f_{i,l}$——组分 i 的逸度，Pa；

　　　x_i——组分 i 的摩尔分数；

　　　γ_i^*——组分 i 的活度系数。

由经典热力学可知逸度和压力的关系为：

$$\left(\frac{\partial \ln f_i}{\partial p} \right)_{T,n} = \frac{\overline{V}_i}{RT} \qquad (4-27)$$

式中　$\overline{V}_i$——组分 i 的偏摩尔体积，L。

对等式（4-27）从 p_0 到 p 积分为：

$$f_{i,l,p} = f_{i,l,p_0} \exp\left[\frac{\overline{V}_i(p-p_0)}{RT}\right] \tag{4-28}$$

将逸度定义式（4-25）代入到式（4-28）得：

$$f_{i,l,p} = H_{i,l,p_0}\gamma_i^* x_i \exp\left[\frac{\overline{V}_i(p-p_0)}{RT}\right] \tag{4-29}$$

把式（4-29）代入式（4-26）有：

$$H_{i,j} = \lim_{x_i \to 0}\left\{\frac{f_{i,l,P_0}}{x_i}\exp\left[\frac{\overline{V}_i(p-p_0)}{RT}\right]\right\}_{T,p,n_{j\neq i}} \tag{4-30}$$

无限稀释（即 $x_i \to 0$）的溶液中，参考压力为溶剂的饱和压力，式（4-30）可写成：

$$H_{i,j} = H_{i,l,P_j^{\mathrm{sat}}}\exp\left(\frac{\overline{V}_i^*\left(p-p_j^{\mathrm{sat}}\right)}{RT}\right) \tag{4-31}$$

式中 $H_{i,l,p_j^{\mathrm{sat}}}$——在饱和溶液中组分 i 的 Henry 常数；

p_j^{sat}——饱和溶液中 j 的压力，Pa；

$\overline{V}_i^*$——无限稀释溶液中组分 i 的偏摩尔体积，L。

得到 Krichevsky-Ilinskaya 方程：

$$f_{i,l} = H_{i,l,P_j^{\mathrm{sat}}}\gamma_i^* x_i \exp\left[\frac{\overline{V}_i^*\left(p-p_j^{\mathrm{sat}}\right)}{RT}\right] \tag{4-32}$$

平衡时，有下式成立：

$$\ln(y_i\phi_i p) = \ln\left\{H_{i,l,P_j^{\mathrm{sat}}}\gamma_i^* x_i \exp\left[\frac{\overline{V}_i^*\left(p-p_j^{\mathrm{sat}}\right)}{RT}\right]\right\} \tag{4-33}$$

由式（4-33），气—液平衡方程可以写为：

$$\ln\frac{y_i\phi_{i,\mathrm{g}}p}{\gamma_{\mathrm{w}}x_{\mathrm{w}}p_0} = \frac{\overline{V}_i^*\left(p-p_j^{\mathrm{sat}}\right)}{RT} + \ln H_{\mathrm{CO}_2} \tag{4-34}$$

式中　H_{CO_2}——二氧化碳的逸度，Pa。

水中二氧化碳的 Henry 常数可根据 Rumpf 和 Maurer 于 1993 年给出的公式计算：

$$\ln H_{CO_2} = 192.876 - \frac{9624.4}{T} + 1.441 \times 10^{-2} T - 28.749 \ln T \qquad (4-35)$$

式（4-35）为经验公式，以质量摩尔浓度为基础进行的计算，所用的二氧化碳在水中的溶解度数据由一些文献查得。式（4-35）适用的温度范围为 0~250℃。

2. 化合物及离子的活度系数计算

1）Debye-Hückel 极限法则

计算实际溶液中溶解度的实质是计算活度系数，一般有四种途径：经验方法、离子结合模型、统计热力学方法、离子相互作用模型。其中，模型符合溶液热力学性质，且推理严密，是主要的计算方法。最早的模型是 Debye-Hückel 极限法则的数学方程：

$$\ln \gamma_i^{(m)} = -A_\gamma \left| z_+ z_- \right| I^{\frac{1}{2}} \qquad (4-36)$$

所以式（4-36）可写为：

$$\ln \gamma_i^{(m)} = -\frac{N_A^2 \left| z_+ z_- \right|}{8\pi} \left[\frac{e^2}{\varepsilon_0 DRT} \right]^{\frac{3}{2}} \left[\rho_s \sum \left(m_i z_i^2 \right) \right]^{\frac{1}{2}} \qquad (4-37)$$

式中　$\gamma_i^{(m)}$——质量摩尔浓度下的平均离子活度系数；

　　　A_γ——常数；

　　　I——离子强度，mol/kg；

　　　π——圆周率值为 3.14159265；

　　　N_A——阿伏伽德罗常数，值为 $6.02214179 \times 10^{23}$，$mol^{-1}$；

　　　z_+——正离子的电荷；

　　　z_-——负离子的电荷；

　　　ρ_s——溶剂的密度，g/mL；

　　　ε_0——真空介电常数，值为 8.85419×10^{-12}，$C^2/(N \cdot m^2)$；

　　　e——元电荷（即质子电荷），值为 4.802×10^{-10}，esu；

　　　D——介质的相对介电常数；

　　　R——气体常数，值为 8.314472，$J/(K \cdot mol)$；

T——热力学温度，K；

m_i——离子 i 的质量摩尔浓度，mol/kg；

z_i——离子 i 的电荷数。

Debye-Hückel 方程只适用于浓度非常低（离子强度＜ 0.01mol/kg）的溶液。对于高浓度的电解质溶液，离子间的排斥作用以及其他非静电力（例如色散力）的吸引作用加强，都会引起 Debye-Hückel 定律的偏离。

Pitzer 等对电解质水溶液进行了系统研究后，将离子间的特殊作用由超额 Gibbs 自由能公式、渗透系数公式和平均活度系数公式表示。Pitzer 模型里考虑了离子间远程和短程作用及溶剂的影响，还考虑了电荷数不等的同号电荷之间的高级静电作用，所以能准确地描述电解质水溶液的特性。Pitzer 模型可靠性强，被广泛使用。

2）活度系数计算的 Pitzer 交互作用模型

电解质水溶液的性质可以用长程静电项加上短程硬球作用项来表示，而短程作用项又是离子强度的函数。Pitzer 提出了一个半经验方程，所提出的溶液过量 Gibbs 自由能的计算公式如下：

$$\frac{G^{ex}}{n_w RT} = f(I) + \sum_i \sum_j \left[\lambda_{ij}(I)m_i m_j \right] + \sum_i \sum_j \sum_k \left(\mu_{ijk}m_i m_j m_k \right) \quad （4-38）$$

式（4-35）中　$f(I)$——长程静电项；

$\sum_i \sum_j \left[\lambda_{ij(I)}m_i m_j \right]$——离子间的色散作用和硬球排斥作用的两粒子短程作用项；

λ_{ij}——两粒子作用系数（为离子强度的函数）；

$\sum_i \sum_j \sum_k \left(u_{ijk}m_i m_j m_k \right)$——三粒子作用项；

μ_{ijk}——三粒子作用系数（通常略去它与离子强度的关系）；

i, j, k——溶质（即离子）；

n_w——溶剂水的质量，kg；

m_i——离子 i 质量摩尔浓度，mol/kg；

I——离子强度，mol/kg。

式（4-38）为电解质溶液理论中的原始模型，只考虑溶质粒子间的相互作用，而将溶剂作为连续介质，它对溶液性质的影响仅体现在介电常数上。溶剂的参考态是纯溶剂，溶质的参考态是无限稀释状态。

由式（4-38）和 $m_i=n_i/n_w$ 的关系，可以得到过量 Gibbs 自由能的表达式如下：

$$\frac{G^{ex}}{RT} = n_w f(I) + \frac{1}{n_w}\sum_i\sum_j\left[\lambda_{ij}(I)n_i n_j\right] + \frac{1}{n_w^2}\sum_i\sum_j\sum_k\left(\mu_{ijk}n_i n_j n_k\right) \quad （4-39）$$

从过量 Gibbs 自由能的表达式出发，离子 i 的活度系数与其有如下关系：

$$\ln\gamma_i = \frac{1}{RT}\frac{\partial G^{ex}}{\partial n_i} \quad （4-40）$$

所得的单一电解质溶液中离子 i 的活度系数的表达式如下：

$$\ln\gamma_i = \frac{z_i^2}{2}f'(I) + \frac{z_i^2}{2}\sum_j\sum_k\lambda'_{jk}(I)m_j m_k + 2\sum_j\lambda_{jk}(I)m_j + 3\sum_j\sum_k\mu_{ijk}m_j m_k \quad （4-41）$$

由电解质平均离子活度系数的定义式：

$$\gamma_\pm^* = \left(\gamma_+^{*v_+}\gamma_-^{*v_-}\right)^{1/v} \quad （4-42）$$

式中　$\gamma_\pm^*$——无限稀释参考态下电解质的平均活度系数；

v——1mol 电解质在水中离解的正、负离子的物质的量之和，即 $v=v_+ + v_-$。

单一电解质平均离子活度系数的表达式：

$$\ln\gamma_{\pm MX} = |z_M z_X|f^\gamma + m\frac{2v_M v_X}{v}B_{MX}^\gamma + m^2\frac{2(v_M v_X)^{3/2}}{v}C_{MX}^\gamma \quad （4-43）$$

其中

$$f^\gamma = \frac{f'(I)}{2} = -A_\phi\left[\frac{I^{1/2}}{1+bI^{1/2}} + \frac{2}{b}\ln\left(1+bI^{1/2}\right)\right]$$

$$B_{MX}^\gamma(I) = 2\lambda_{MX} + I\lambda'_{MX} + \frac{v_M}{2v_X}\left(2\lambda_{MM} + I\lambda'_{MM}\right) + \frac{v_X}{2v_M}\left(2\lambda_{XX} + I\lambda'_{XX}\right)$$

$$C_{MX}^\gamma = \frac{9}{2(v_M v_X)^{1/2}}\left(v_M\mu_{MMX} + v_X\mu_{MXX}\right)$$

渗透系数表达式中的二粒子作用项为：

$$B_{MX}^{\phi}(I) = \beta_{MX}^{(0)} + \beta_{MX}^{(1)} e^{-\alpha I^{1/2}} \tag{4-44}$$

类比式（4-44）有：

$$B_{MX}^{\gamma} = 2\beta_{MX}^{(0)} + \frac{2\beta_{MX}^{(1)}}{\alpha^2 I}\left[1 - \left(1 + \alpha I^{1/2} - \frac{1}{2}\alpha^2 I\right)\exp\left(-\alpha I^{1/2}\right)\right] \tag{4-45}$$

渗透系数表达式中的三粒子作用项为：

$$C_{MX}^{\phi} = \frac{3}{2(v_M v_X)^{1/2}}\left(v_M \mu_{MMX} + v_X \mu_{MXX}\right) \tag{4-46}$$

式中　v_M——正离子的物质的量，mol；

　　　μ_{MMX}——M 物质的化学势，J/mol；

　　　v_X——负离子的物质的量，mol；

　　　μ_{MXX}——X 物质的化学势，J/mol。

对比式（4-43）与式（4-46）得：

$$C_{MX}^{\gamma} = \frac{3}{2}C_{MX}^{\phi} \tag{4-47}$$

式（4-43）中的取 $A_{\phi} = 0.391 kg^{1/2}/mol^{1/2}$（25℃时），$b = 1.2 kg^{1/2}/mol^{1/2}$。式（4-48）适用于 1:1、2:1、3:1、4:1 和 5:1 价的电解质溶液。

对于 2:2 价电解质，式（4-45）中增加一个与缔合度有关的参数 $\beta_{MX}^{(2)}$，则式（4-45）改为：

$$\begin{aligned}
B_{MX}^{\gamma} = {} & 2\beta_{MX}^{(0)} + \frac{2\beta_{MX}^{(1)}}{\alpha_1^2 I}\left[1 - \left(1 + \alpha_1 I^{1/2} - \frac{1}{2}\alpha_1^2 I\right)\exp\left(-\alpha_1 I^{1/2}\right)\right] + \\
& \frac{2\beta_{MX}^{(2)}}{\alpha_2^2 I}\left[1 - \left(1 + \alpha_2 I^{1/2} - \frac{1}{2}\alpha_2^2 I\right)\exp\left(-\alpha_2 I^{1/2}\right)\right]
\end{aligned} \tag{4-48}$$

式（4-48）中，$\alpha_1 = 1.4 kg^{1/2}/mol^{1/2}$，$\alpha_2 = 12 kg^{1/2}/mol^{1/2}$。

不同价态的单一电解质水溶液的活度系数的计算公式分别列出如下：

对 1:1 价电解质：

$$\ln \gamma_{\pm MX} = f^{\gamma} + mB_{MX}^{\gamma} + m^2 C_{MX}^{\gamma} \tag{4-49}$$

对 2：1 价电解质：

$$\ln \gamma_{\pm \mathrm{MX}} = 2f^{\gamma} + \frac{4}{3}mB_{\mathrm{MX}}^{\gamma} + \frac{2^{5/2}}{3}m^2 C_{\mathrm{MX}}^{\gamma} \tag{4-50}$$

对 3：1 价电解质：

$$\ln \gamma_{\pm \mathrm{MX}} = 3f^{\gamma} + \frac{3}{2}mB_{\mathrm{MX}}^{\gamma} + \frac{3^{3/2}}{2}m^2 C_{\mathrm{MX}}^{\gamma} \tag{4-51}$$

对 2：2 价电解质：

$$\ln \gamma_{\pm \mathrm{MX}} = 4f^{\gamma} + mB_{\mathrm{MX}}^{\gamma} + m^2 C_{\mathrm{MX}}^{\gamma} \tag{4-52}$$

与 D-H 公式一样，Pitzer 公式计算出的活度系数也是以无限稀释为参考态。

3）混合电解质溶液活度系数的计算

（1）混合电解质溶液的过量 Gibbs 自由能。

Pitzer 的过量 Gibbs 自由能的计算式（4-39）不仅可以用于单一电解质溶液，也可用于混合电解质溶液。将 λ 项和 μ 项重新归并后，得到混合电解质溶液的过量 Gibbs 自由能的表达式如下：

$$\begin{aligned} \frac{G^{\mathrm{ex}}}{n_{\mathrm{w}}RT} = & f(I) + 2\sum_{c}\sum_{a} m_{c}m_{a}\Big[B_{ca} + \Big(\sum mz\Big)C_{ca}\Big] + \\ & \sum_{c}\sum_{c'} m_{c}m_{c'}\Big(\theta_{cc'} + \sum_{a}\frac{m_{a}\psi_{cc'a}}{2}\Big) + \\ & \sum_{a}\sum_{a'} m_{a}m_{a'}\Big(\theta_{aa'} + \sum_{c}\frac{m_{c}\psi_{caa'}}{2}\Big) \end{aligned} \tag{4-53}$$

式中下标 c 和 c′ 表示水溶液中的正离子；a 和 a′ 表示负离子；θ 和 ψ 是混合参数，其定义为：

$$\theta_{cc'} = \lambda_{cc'} - \Big(\frac{z_{c'}}{2z_{c}}\Big)\lambda_{cc} - \Big(\frac{z_{c}}{2z_{c'}}\Big)\lambda_{c'c'} \tag{4-54}$$

$$\psi_{cc'a} = 6\mu_{cc'a} - \Big(\frac{3z_{c'}}{z_{c}}\Big)\mu_{cca} - \Big(\frac{3z_{c}}{z_{c'}}\Big)\mu_{c'c'a} \tag{4-55}$$

$\sum mz$ 为溶液中同号离子的质量摩尔浓度与所带电荷数的乘积之和，且有：

$$\begin{cases} \sum mz = \sum_a m_a |z_a| = \sum_c m_c z_c \\[2mm] C_{ca} = \dfrac{C_{ca}^{\phi}}{2|z_c z_a|^{\frac{1}{2}}} \\[4mm] B_{ca}(I) = \lambda_{ca} + \left(\dfrac{v_c}{2v_a}\right)\lambda_{cc} + \left(\dfrac{v_a}{2v_c}\right)\lambda_{aa} \\[4mm] \qquad = B_{ca}^r(I) - B_{ca}^{\phi}(I) = \beta_{ca}^{(0)} + \dfrac{2\beta_{ca}^{(1)}}{\alpha^2 I}\left[1 - \left(1 + \alpha I^{\frac{1}{2}}\right)e^{-\alpha I^{\frac{1}{2}}}\right] \end{cases} \tag{4-56}$$

对 2:2 价电解质：

$$\begin{aligned} B_{ca}(I) = \beta_{ca}^{(0)} + \dfrac{2\beta_{ca}^{(1)}}{\alpha_1^2 I}\left[1 - \left(1 + \alpha_1 I^{\frac{1}{2}}\right)e^{-\alpha_1 I^{\frac{1}{2}}}\right] + \\[3mm] \dfrac{2\beta_{ca}^{(2)}}{\alpha_2^2 I}\left[1 - \left(1 + \alpha_2 I^{\frac{1}{2}}\right)e^{-\alpha_2 I^{\frac{1}{2}}}\right] \end{aligned} \tag{4-57}$$

式中　z_a——负离子的电荷数；

$\quad\quad z_c$——正离子的电荷数；

$\quad\quad \beta_{Ma}^{(0)}$——参数，kg/mol；

$\quad\quad \beta_{Ma}^{(1)}$，$\beta_{ca}^{(1)}$——参数，kg/mol；

$\quad\quad \beta_{Ma}^{(2)}$，$\beta_{ca}^{(2)}$——参数，与电解质在水中的缔合程度有关，是个较大的负数；

$\quad\quad \alpha_1$，α_2——参数，值分别为 1、4、12，$kg^{\frac{1}{2}}/mol^{\frac{1}{2}}$；

$\quad\quad z_M$——正离子 M 的电荷数；

$\quad\quad z_c$——正离子的电荷数；

$\quad\quad z_a$——负离子的电荷数。

混合电解质水溶液的渗透系数可由式（4-53）对 n_w 求导而得出：

$$\begin{aligned} \phi - 1 = \dfrac{1}{\sum_i m_i}\left\{\left[If'(I) - f(I)\right] + 2\sum_c \sum_a m_c m_a\left[B_{ca} + IB_{ca}' + \right.\right. \\[3mm] 2\left(\sum mz\right)C_{ca}\right] + \sum_c \sum_{c'} m_c m_{c'}\left(\theta_{cc'} + I\theta_{cc'}' + \sum_a m_a \psi_{cc'a}\right) + \\[3mm] \left.\sum_a \sum_{a'} m_a m_{a'}\left(\theta_{ca'} + I\theta_{aa'}' + \sum_c m_c \psi_{caa'}\right)\right\} \end{aligned} \tag{4-58}$$

其中

$$\theta' = \frac{\partial \theta}{\partial I}, f'(I) = \frac{\partial f(I)}{\partial I}, B' = \frac{\partial B}{\partial I}, 而 \sum_i m_i 为水溶液中所有正、负离子的质量$$

摩尔溶度之和。

类比渗透系数计算式，则混合电解质溶液中单个离子的活度系数为：

$$
\begin{aligned}
\ln \gamma_{\mathrm{M}} = {} & \frac{z_{\mathrm{M}}^2}{2} f'(I) + 2 \sum_a m_a \Big[B_{\mathrm{Ma}} + \big(\sum mz \big) C_{\mathrm{Ma}} \Big] + 2 \sum_c m_c \theta_{\mathrm{Mc}} + \\
& \sum_c \sum_a m_c m_a \big(z_{\mathrm{M}}^2 B_{\mathrm{ca}}' + z_{\mathrm{M}} C_{\mathrm{ca}} + \psi_{\mathrm{Mca}} \big) + \frac{1}{2} \sum_a \sum_{a'} m_a m_{a'} \big(z_{\mathrm{M}}^2 \theta_{\mathrm{aa'}}' + \\
& \psi_{\mathrm{Maa'}} \big) + \frac{z_{\mathrm{M}}^2}{2} \sum_c \sum_{c'} m_c m_{c'} \theta_{\mathrm{cc'}}' + z_{\mathrm{M}} \Bigg(\sum_c \frac{m_c \lambda_{\mathrm{cc}}}{z_c} - \sum_a \frac{m_a \lambda_{\mathrm{aa}}}{|z_a|} \Bigg) + \\
& \frac{3 z_{\mathrm{M}}}{2} \sum_c \sum_a m_c m_a \Bigg(\frac{\mu_{\mathrm{cca}}}{z_c} - \frac{\mu_{\mathrm{caa}}}{|z_a|} \Bigg)
\end{aligned}
\tag{4-59}
$$

对于混合电解质溶液中电解质平均活度系数的计算，可以利用如下公式：

$$
\begin{aligned}
\ln \gamma_{\pm \mathrm{MX}} = {} & \frac{1}{2} |z_{\mathrm{M}} z_{\mathrm{X}}| f'(I) + \Big(\frac{2 v_{\mathrm{M}}}{v} \Big) \sum_a m_a \Bigg[B_{\mathrm{Ma}} + \big(\sum mz \big) C_{\mathrm{Ma}} + \Big(\frac{v_{\mathrm{X}}}{v_{\mathrm{M}}} \Big) \theta_{\mathrm{Xa}} \Bigg] + \\
& \Big(\frac{2 v_{\mathrm{X}}}{v} \Big) \sum_c m_c \Bigg[B_{\mathrm{cX}} + \big(\sum mz \big) C_{\mathrm{cX}} + \Big(\frac{v_{\mathrm{M}}}{v_{\mathrm{X}}} \Big) \theta_{\mathrm{Mc}} \Bigg] + \\
& \sum_c \sum_a m_c m_a \Bigg[|z_{\mathrm{M}} z_{\mathrm{X}}| B_{\mathrm{ca}}' + \frac{1}{v} \big(2 v_{\mathrm{M}} z_{\mathrm{M}} C_{\mathrm{ca}} + v_{\mathrm{M}} \psi_{\mathrm{Mca}} + v_{\mathrm{X}} \psi_{\mathrm{caX}} \big) \Bigg] + \\
& \frac{1}{2} \sum_c \sum_{c'} m_c m_{c'} \Bigg(\frac{v_{\mathrm{X}}}{v} \psi_{\mathrm{cc'X}} + |z_{\mathrm{M}} z_{\mathrm{X}}| \theta_{\mathrm{cc'}}' \Bigg) + \\
& \frac{1}{2} \sum_a \sum_{a'} m_a m_{a'} \Bigg(\frac{v_{\mathrm{M}}}{v} \psi_{\mathrm{Maa'}} + |z_{\mathrm{M}} z_{\mathrm{X}}| \theta_{\mathrm{aa'}}' \Bigg)
\end{aligned}
\tag{4-60}
$$

式中　c——正离子，包括离子 M；

　　　a——负离子，包括离子 X。

在使用式（4-59）至式（4-60）时，需要知道混合参数 θ 和 ψ。文献中已经发表了一些二元电解质混合体系的混合参数，但是由于混合体系的多样性。这些参数的数目尚不能满足实际计算的需要。对于没有混合参数的体系，可以根据某些浓度点的实验数据，如渗透系数或离子活度系数的实验值，进行回归得出混合参数，进而计算其他浓度的活度系数或渗透系数。另外一个近似的计算方法是假定 $\theta = \psi = 0$，并略去 λ 和 μ 项，此时式（4-59）和式（4-60）可分别简

化为:

$$\ln \gamma_{M} = \frac{z_{M}^{2}}{2} f'(I) + 2 \sum_{a} \left(m_{a} \left\{ B_{Ma} + \left[\sum (mz) \right] C_{Ma} \right\} \right) + \\ \sum_{c} \sum_{a} \left[m_{c} m_{a} \left(z_{M}^{2} B'_{ca} + z_{M} C_{ca} \right) \right] \tag{4-61}$$

$$\ln \gamma_{\pm MX} = \frac{1}{2} |z_{M} z_{X}| f'(I) + \left(\frac{2v_{M}}{v} \right) \sum_{a} m_{a} \left[B_{Ma} + \left(\sum mz \right) C_{Ma} \right] + \\ \left(\frac{2v_{X}}{v} \right) \sum_{c} m_{c} \left[B_{cX} + \left(\sum mz \right) C_{cX} \right] + \\ \sum_{c} \sum_{a} m_{c} m_{a} \left(|z_{M} z_{X}| B'_{ca} + \frac{2v_{M} z_{M} C_{ca}}{v} \right) \tag{4-62}$$

式(4-61)与(4-62)中 $f'(I)$ 为长程作用项; $B_{Ma}(I)$ 与 $B'_{ca}(I)$ 为二粒子作用项; C_{Ma} 和 C_{ca} 为三粒子作用项。

Pitzer 曾对 63 个有共同离子的二元电解质水溶液和 11 个没有共同离子的二元电解质水溶液的活度系数和渗透系数进行了计算。结果表明,考虑了混合参数 θ 和 ϕ 后,Pitzer 方程的计算准确度确实很高,而忽略这些参数时计算结果的准确度虽然有所下降,但也还是可以接受的。

本项目用式(4-58)来求混合电解质溶液中某个离子的活度系数,式(4-62)求混合电解质溶液中某化合物的平均活度系数。

(2)长程作用项 $f'(I)$ 的计算。

长程作用项 $f'(I)$ 的计算方程如下:

$$f'(I) = f(I) - \frac{2A_{\phi} I^{1/2}}{1 + bI^{1/2}} = -\frac{4A_{\phi}}{b} \ln \left(1 + bI^{1/2} \right) - \frac{2A_{\phi} I^{1/2}}{1 + bI^{1/2}} \tag{4-63}$$

其中

$$A_{\phi} = \frac{1}{3} \left(\frac{2\pi N_{A} \rho_{w}}{1000} \right)^{1/2} \left(\frac{e^{2}}{DkT} \right)^{3/2}$$

$$b = \frac{Ka}{I^{1/2}} = \left(\frac{8\pi N_{A} e^{2} \rho_{w}}{1000 DkT} \right)^{1/2} a$$

$$I = \frac{1}{2} \sum \left(m_{i} z_{i}^{2} \right)$$

式中 ρ_{w}——溶剂水的密度，g/mL；

$\quad\quad k$——Boltzmann 常数，值为 1.38×10^{-23}，J/K；

$\quad\quad a$——离子最近距离，cm。

（3）水的介电常数计算。

式（4-63）中水的介电常数 D 的计算方程：

$$D(T,p) = U_1 \exp\left(U_2 T + U_3 T^2\right) + C(T)\ln\left[\frac{B(T)+p}{B(T)+1000}\right]\tag{4-64}$$

式中 D——水的介电常数；

$\quad\quad p$——压力，bar；

$\quad\quad T$——温度，K；

$\quad\quad U_1$，U_2，U_3——计算介电常数所需参数。

式中 $B(T)$、$C(T)$ 为：

$$B(T) = U_7 + \frac{U_8}{T} + U_9 T$$

$$C(T) = U_4 + \frac{U_5}{U_6 + T}$$

系数见表 4-1。

表 4-1　水的介电常数计算参数

参数	数值	参数	数值
U_1	3.4279×10^2	U_6	-1.8289×10^2
U_2	-5.0866×10^{-3}	U_7	-8.0325×10^3
U_3	9.4690×10^{-7}	U_8	4.2142×10^6
U_4	-2.0525	U_9	2.1417
U_5	3.1159×10^3		

式（4-63）中水的密度 ρ_{w}，由式（4-65）算得：

$$\rho_{\mathrm{w}} = \frac{\left[\left(\left\{\left[(At+B)t+C\right]t+D\right\}t+E\right)t+F\right]}{1+Gt}\tag{4-65}$$

式中　ρ_w——水的密度，g/L；

　　t——温度，℃；

　　$A \sim G$——参数。

数值见表 4-2。

表 4-2　水的密度计算参数

参数	数值	参数	数值
A	-2.8054253×10^{-10}	E	16.945176
B	1.0556302×10^{-7}	F	999.83952
C	-4.6170461×10^{-5}	G	0.01687985
D	-0.00798704		

（4）二粒子作用项 B_{Ma}、$B'_{ca}(I)$ 的计算。

B_{Ma} 的表达式：

$$B_{Ma}(I) = \beta_{Ma}^{(0)} + \frac{2\beta_{Ma}^{(1)}}{\alpha_1^2 I}\left[1 - \left(1 + \alpha_1 I^{\frac{1}{2}}\right)e^{-\alpha_1 I^{\frac{1}{2}}}\right] + \frac{2\beta_{Ma}^{(2)}}{\alpha_2^2 I}\left[1 - \left(1 + \alpha_2 I^{\frac{1}{2}}\right)e^{-\alpha_2 I^{\frac{1}{2}}}\right] \tag{4-66}$$

$B'_{ca}(I)$ 的表达式：

$$B'_{ca}(I) = -\frac{2\beta_{ca}^{(1)}}{\alpha_1^2}I^{-2} + \frac{2\beta_{ca}^{(1)}}{\alpha_1^2}I^{-2}e^{-\alpha_1 I^{\frac{1}{2}}} + 2\frac{\beta_{ca}^{(1)}}{\alpha_1}I^{-\frac{3}{2}}e^{-\alpha_1 I^{\frac{1}{2}}} + \beta_{ca}^{(1)}I^{-1}e^{-\alpha_1 I^{\frac{1}{2}}} - \frac{2\beta_{ca}^{(2)}}{\alpha_2^2}I^{-2} + \frac{2\beta_{ca}^{(2)}}{\alpha_2^2}I^{-2}e^{-\alpha_2 I^{\frac{1}{2}}} + 2\frac{\beta_{ca}^{(2)}}{\alpha}I^{-\frac{3}{2}}e^{-\alpha_2 I^{\frac{1}{2}}} + \beta_{ca}^{(2)}I^{-1}e^{-\alpha_2 I^{\frac{1}{2}}} \tag{4-67}$$

（5）三粒子作用项 C_{Ma}、C_{ca} 的计算。

C_{Ma} 的表达式：

$$C_{Ma} = \frac{C_{Ma}^{\phi}}{2|z_M z_a|^{\frac{1}{2}}} = \frac{3}{2|z_M z_a|^{\frac{1}{2}}(v_M v_a)^{\frac{1}{2}}}(v_M \mu_{MMa} + v_a \mu_{Maa}) \tag{4-68}$$

C_{ca} 的表达式与 C_{Ma} 的类似为：

$$C_{ca} = \frac{3}{2|z_c z_a|^{\frac{1}{2}}(v_c v_a)^{\frac{1}{2}}}(v_c \mu_{cca} + v_a \mu_{caa}) \tag{4-69}$$

求解活度系数 $\ln\gamma_M$ 或 $\gamma_{\pm MX}$，就是求 $f'(I)$、$B_{Ma}(I)$、C_{Ma}、$B'_{ca}(I)$、C_{ca} 等中间变量。

式中　z_a——负离子的电荷数；

　　　z_c——正离子的电荷数；

　　　$\beta^{(0)}_{Ma}$——参数，kg/mol；

　　　$\beta^{(0)}_{Ma}$，$\beta^{(1)}_{ca}$——参数，kg/mol；

　　　$\beta^{(0)}_{Ma}$，$\beta^{(2)}_{ca}$——参数，与电解质在水中的缔合程度有关，是个较大的负数；

　　　α_1——1.4kg$^{1/2}$/mol$^{1/2}$；

　　　α_2——12kg$^{1/2}$/mol$^{1/2}$；

　　　z_M——正离子 M 的电荷数；

　　　z_c——正离子的电荷数；

　　　z_a——负离子的电荷数；

　　　v_M——1mol 电解质离解出的正离子 M 的物质的量，mol；

　　　v_c——1mol 电解质离解出的正离子的物质的量，mol；

　　　v_a——1mol 电解质离解出的负离子的物质的量，mol；

　　　μ_{MMa}，μ_{cca}——三粒子作用系数，略去它与离子强度的关系；

　　　μ_{Maa}，μ_{caa}——三粒子作用系数，略去它与离子强度的关系。

（6）活度系数计算过程中用到的 Pitzer 参数。

不同温度下 Pitzer 参数见表 4-3。

表 4-3　水的 A_ϕ 值

温度，℃	A_ϕ	温度，℃	A_ϕ	温度，℃	A_ϕ
0	0.377	80	0.438	170	0.5627
10	0.382	90	0.4488	180	0.581
20	0.391	100	0.4603	190	0.6005
25	0.391	110	0.4725	200	0.6212
30	0.3944	120	0.4855	220	0.667
40	0.4017	130	0.4992	240	0.72
50	0.4098	140	0.5137	260	0.7829
60	0.4185	150	0.5291	280	0.8596
70	0.4279	160	0.5454	300	0.9576

3. 水蒸发对液态水离子浓度的影响

井筒内水的存在状态为水蒸气和液态水，不同井深处的水蒸气含量不一样，不同井深处的液态水量也不一样，液态水量将影响离子浓度、离子强度以及离子活度，进一步影响结垢趋势与结垢量。因此，水蒸气的含量计算将影响结垢量的多少。

根据稳定状态吉布斯自由能最小的原则，气液闪蒸计算的相态判定准则为：

$$\sum_{i=1}^{n} K_i^{VL} z_i \begin{cases} \leq 1 & 液体, V=0 \\ >1 & V>0 \end{cases} \qquad (4\text{-}70)$$

$$\sum_{i=1}^{n} \frac{z_i}{K_i^{VL}} \begin{cases} \leq 1 & 气体, V=1 \\ >1 & V<1 \end{cases} \qquad (4\text{-}71)$$

式中　V——气相摩尔分数；

　　　L——液相摩尔分数；

　　　z_i——进料组成；

　　　K_i^{VL}——气液相平衡常数。

当 $\sum_{i=1}^{n} K_i^{VL} z_i \leq 1$ 时，体系为纯液相；当 $\sum_{i=1}^{n} \frac{z_i}{K_i^{VL}} \leq 1$ 时，体系为纯气相；只有当 $\sum_{i=1}^{n} K_i^{VL} z_i$ 和 $\sum_{i=1}^{n} \frac{z_i}{K_i^{VL}}$ 同时大于 1 时，体系才处于气液两相状态。

采用威尔逊（Wilson）公式来估算平衡常数的初值，其具体表达式为：

$$K_i = \frac{\exp\left[5.37\left(1+\omega_i\right)\left(1-1/T_{ri}\right)\right]}{p_{ri}} \qquad (4\text{-}72)$$

当体系处于气液相平衡状态时，由物料守恒可得：

$$\begin{cases} Lx_i + Vy_i = z_i \\ \sum_{i=1}^{n}\left(y_i - x_i\right) = 0 \\ L+V=1 \end{cases} \qquad (4\text{-}73)$$

式中　x_i——液相中 i 组分的摩尔分数；

　　　y_i——气相中 i 组分的摩尔分数。

通过式（4-73）求解 x_i 和 y_i 得：

$$\begin{cases} x_i = \dfrac{z_i}{1+\left(K_i^{VL}-1\right)V} \\[3mm] y_i = \dfrac{z_i K_i^{VL}}{1+\left(K_i^{VL}-1\right)V} \end{cases} \qquad (4\text{-}74)$$

由式（4-74）可知：

$$\sum_{i=1}^{n}\left(y_i-x_i\right)=\sum_{i}^{n}\frac{z_i\left(K_i^{VL}-1\right)}{1+\left(K_i^{VL}-1\right)V}=0 \qquad (4\text{-}75)$$

通过牛顿迭代法求解给定 z_i 和 K_i^{VL} 条件下的气相摩尔分数 V，当气相和液相逸度相等时，系统达到平衡状态，此时气相中水蒸气的摩尔含量即为对应温度压力下的水蒸气含量。

4. 硫酸盐垢预测模型

1）硫酸盐垢预测模型

常见的硫酸盐垢物（$BaSO_4$、$SrSO_4$、$CaSO_4$、$CaSO_4 \cdot 2H_2O$、$CaSO_4 \cdot \dfrac{1}{2}$ H_2O 等），在溶液中存在如下反应平衡：

$$BaSO_4\ (s) \rightleftharpoons Ba^{2+}\ (aq) + SO_4^{2-}\ (aq) \qquad (4\text{-}76)$$

$$SrSO_4\ (s) \rightleftharpoons Sr^{2+}\ (aq) + SO_4^{2-}\ (aq) \qquad (4\text{-}77)$$

$$CaSO_4\ (s) \rightleftharpoons Ca^{2+}\ (aq) + SO_4^{2-}\ (aq) \qquad (4\text{-}78)$$

$$CaSO_4 \cdot 2H_2O\ (s) \rightleftharpoons Ca^{2+}\ (aq) + SO_4^{2-}\ (aq) + 2H_2O\ (l) \qquad (4\text{-}79)$$

$$CaSO_4 \cdot \frac{1}{2}\ H_2O\ (s) \rightleftharpoons Ca^{2+}\ (aq) + SO_4^{2-}\ (aq) + \frac{1}{2}\ H_2O\ (l) \qquad (4\text{-}80)$$

式（4-75）至式（4-80）描述了溶液中的固—液平衡。对于某一垢物 $MX \cdot nH_2O$，饱和比 $F_S=[M][X][H_2O]^n/K_{sp,i}$，是离子的活度积与溶度积常数之比，对其两边取自然对数为：

$$D_S = \ln\left(F_S\right) = \ln\left\{[M][X][H_2O]^n\right\} - \ln K_{sp,i} \qquad (4\text{-}81)$$

水的活度取 1，则上式可写成：

$$D_S = \ln\{[M][X]\} - \ln K_{\mathrm{sp},i} \tag{4-82}$$

溶液中离子 i 的活度 $[i]$，为 i 的活度系数 γ_i 与其浓度 m_i 的乘积，即：

$$[i] = m_i \gamma_i \tag{4-83}$$

代入式（4-82）有：

$$D_S = \ln(m_M \gamma_M m_X \gamma_X) - \ln K_{\mathrm{sp},i} \tag{4-84}$$

对于 1-1 型电解质 MX，引入平均活度系数 $\gamma_{\pm MX}$，定义为：

$$\gamma_{\pm MX} = (\gamma_M \gamma_X)^{1/2} \tag{4-85}$$

将式（4-85）代入式（4-84）得到：

$$D_S = \ln(m_M m_X) + 2\ln\gamma_{\pm MX} - \ln K_{\mathrm{sp},\,i} \tag{4-86}$$

式中　M——Ba^{2+}、Sr^{2+}、Ca^{2+} 等二价金属阳离子；

　　　X——SO_4^{2-}；

　　　m_M——正离子的浓度，mol/kg；

　　　m_X——负离子的浓度，mol/kg；

　　　$\gamma_{\pm MX}$——化合物 MX 的活度系数；

　　　n_M——正离子的浓度，mol/L；

　　　n_X——负离子的浓度，mol/L；

　　　$K_{\mathrm{sp},\,i}$——化合物 i 的溶度积。

式（4-87）可用于硫酸盐溶解度的计算，从而进行结垢预测。成垢状况判别，当 $D_S=0$ 时，溶液饱和无结垢；当 $D_S > 0$ 时，溶液过饱和有结垢；当 $D_S < 0$ 时，溶液未饱和无结垢。

预测硫酸盐垢物平衡时的沉积量，方程（4-87）可写成：

$$D_S = \ln\left[\left(m_{M^{2+}}^0 - m_{MSO_4}^d\right)\left(m_{SO_4^{2-}}^0 - m_{MSO_4}^d\right)\right] + 2\ln\gamma_{\pm MSO_4} - \ln K_{\mathrm{sp},MSO_4} \tag{4-87}$$

式中　$m_{M^{2+}}^0$——正离子的初始浓度，mol/kg；

　　　$m_{SO_4^{2-}}^0$——SO_4^{2-} 的初始浓度，mol/kg；

　　　$m_{MSO_4}^d$——平衡时 MSO_4 的沉积量，mol/kg；

　　　$\gamma_{\pm MSO_4}$——平衡时 MSO_4 的活度系数；

$K_{\text{sp, MSO}_4}$——MSO$_4$ 的溶度积常数。

硫酸盐成垢，各化合物的优先顺序：

$$BaSO_4 > SrSO_4 > CaSO_4$$

假设平衡时，硫酸盐垢物 MSO$_4$ 在系统温度、压力下的沉积量为 $m^{\text{d}}_{\text{MSO}_4}$，代入计算 D_s 直到其值等于零。这时的沉积量为该垢物的平衡沉积量。

2）模型参数的求解

（1）平均活度系数 $\lg \gamma_{\pm\text{MX}}$。

由 Pitzer 活度系数模型求得，计算式见式（4-62）。一般给定离子 i 的浓度 s_i 的单位为 mol/L，则式（4-62）又写成：

$$
\ln \gamma_{\pm\text{MX}} = \frac{1}{2}|z_\text{M} z_\text{X}| f'(I) + \left(\frac{2v_\text{M}}{v}\right)\sum_\text{a}\frac{s_\text{a}}{d_\text{w}}\left[B_\text{Ma} + \left(\sum\frac{s}{d_\text{w}}z\right)C_\text{Ma}\right] +
$$
$$
\left(\frac{2v_\text{X}}{v}\right)\sum_\text{c}\frac{s_\text{c}}{d_\text{w}}\left[B_\text{cX} + \left(\sum\frac{s}{d_\text{w}}z\right)C_\text{cX}\right] + \tag{4-88}
$$
$$
\sum_\text{c}\sum_\text{a}\frac{s_\text{c}s_\text{a}}{d_\text{w}^2}\left[|z_\text{M}z_\text{X}|B'_\text{ca} + \frac{2v_\text{M}z_\text{M}C_\text{ca}}{v}\right]
$$

式中　$\gamma_{\pm\text{MX}}$——化合物 MX 的活度系数；

z_M——正离子 M 的电荷数；

z_c——正离子的电荷数；

$f'(I)$——长程作用项；

v_M——1mol 电解质离解出的正离子 M 的物质的量，mol；

v——溶液中离子的物质的量，mol；

s_a——阴离子的浓度，mol/kg；

d_w——溶液的密度，kg/m^3；

B_Ma——二粒子作用项；

s——总离子浓度，mol/kg；

z——电荷总数；

C_Ma，C_cX——三粒子作用项；

v_X——负离子的物质的量，mol；

s_c——正离子的浓度，mol/kg；

B'_{ca}，B_{cX}——二粒子作用项。

离子强度计算式变为：

$$I = \frac{1}{2}\Sigma\left(m_i z_i^2\right) = \frac{1}{2}\Sigma\left(\frac{s_i}{\rho_w}z_i^2\right) \qquad (4\text{-}89)$$

对通用参数 c_T 或 c_t（指 $\beta^{(0)}$、$\beta^{(1)}$、C_{MX}）的计算式为：

对于 $CaCl_2$

$$c_T = k_0 + k_1 T + k_2 T^2 \qquad (4\text{-}90)$$

式中　T——系统温度，K。

对于 $MgSO_4$

$$\begin{aligned}
c_T = &k_0\left(T/2 + 298^2/2T - 298\right) + k_1\left(T^2/6 + 298^3/3T - \right.\\
&\left.298^2/2\right) + k_2\left(T^3/12 + 298^4/4T - 298^3/3\right) + \\
&k_3\left(T^4/20 + 298^5/5T - 298^4/4\right) + \\
&k_4\left(298 - 298^2/T\right) + k_5
\end{aligned} \qquad (4\text{-}91)$$

对于其他化合物

$$c_t = k_0 + k_1 t + k_2 t^2 + k_3 t^3 + k_4 t^4 \qquad (4\text{-}92)$$

式中　t——系统温度，℃。

计算中相关参数值见表 4-4。

表 4-4　活度系数计算模型涉及参数数值

参数		k_0	k_1	k_2	k_3	k_4	k_5
A_ϕ		0.3751	0.5917×10^{-3}	0.1996×10^{-5}	0.6149×10^{-8}	0	0
NaCl	$\beta^{(0)}$	0.5356×10^{-1}	0.1078×10^{-2}	-0.8816×10^{-5}	0.3194×10^{-7}	-0.489×10^{-10}	0
	$\beta^{(1)}$	0.2586	$0.7821 10^{-3}$	-0.8367×10^{-6}	0.4548×10^{-8}	0	0
	C_{MX}	0.2259×10^{-2}	$-0.7416 10^{-4}$	0.5056×10^{-6}	-0.1851×10^{-8}	0.296×10^{-11}	0
Na_2SO_4	$\beta^{(0)}$	-0.4283×10^{-1}	0.3071×10^{-2}	-0.2468×10^{-4}	0.1071×10^{-6}	-0.1906×10^{-9}	0
	$\beta^{(1)}$	0.9392	0.6921×10^{-2}	-0.2396×10^{-4}	-0.1196×10^{-6}	0.6628×10^{-9}	0
	C_{MX}	0.4393×10^{-2}	-0.1176×10^{-3}	0.2772×10^{-6}	0.1836×10^{-9}	0	0

参数		k_0	k_1	k_2	k_3	k_4	k_5
BaCl$_2$	$\beta^{(0)}$	0.2434	0.9778×10^{-3}	-0.8432×10^{-5}	0.1622×10^{-7}	0	0
	$\beta^{(1)}$	1.369	0.5463×10^{-2}	-0.1799×10^{-4}	0.1365×10^{-6}	0	0
	C_{MX}	-0.5109×10^{-2}	-0.8083×10^{-4}	0.4653×10^{-6}	-0.682×10^{-9}	0	0
SrCl$_2$	$\beta^{(0)}$	0.2827	0.1297×10^{-3}	-0.1076×10^{-6}	-0.5286×10^{-8}	0	0
	$\beta^{(1)}$	1.193	0.2385×10^{-1}	-0.245×10^{-3}	0.6936×10^{-6}	0	0
	C_{MX}	0.5929×10^{-4}	-0.1006×10^{-4}	-0.4794×10^{-6}	0.2083×10^{-8}	-0.966×10^{-12}	0
MgCl$_2$	$\beta^{(0)}$	0.4134×10	-0.3419×10^{-2}	0.4566×10^{-4}	-0.2758×10^{-6}	0.5749×10^{-9}	0
	$\beta^{(1)}$	1.058	0.3531×10^{-1}	-0.4875×10^{-3}	$0.3093\times10-5$	-0.6323×10^{-8}	0
	C_{MX}	0.3439×10^{-2}	-0.7577×10^{-4}	0.502×10^{-6}	-0.1213×10^{-8}	0	0
CaCl$_2$	$\beta^{(0)}$	0.1161	0.1164×10^{-2}	-0.1776×10^{-5}	0	0	0
	$\beta^{(1)}$	3.4787	-0.1542×10^{-1}	0.3179×10^{-4}	0	0	0
	C_{MX}	0.292×10^{-1}	-0.1354×10^{-3}	0.1344×10^{-6}	0	0	0
BaSO$_4$ SrSO$_4$ CaSO$_4$	$\beta^{(0)}$	-1.028	0.8479×10^{-2}	-0.2337×10^{-4}	0.2158×10^{-7}	0.684×10^{-3}	0.215
	$\beta^{(1)}$	-0.296	0.9456×10^{-3}	0	0	0.1103×10^{-1}	3.3646
	$\beta^{(2)}$	-13.76	0.1212	-0.2764×10^{-3}	0	-0.2152	-32.743
	C_{MX}	0.1054	-0.8932×10^{-3}	0.251×10^{-5}	-0.2344×10^{-8}	-0.879×10^{-4}	0.6993×10^{-2}

（2）溶度积常数的计算。

溶度积常数的温度关联计算式的形式与式（4-92）一致，但此时的 c_t 代表 $-\dfrac{1}{2}\ln K_{sp,i}$；计算中相关参数值见表 4-5。

表 4-5 溶度积常数计算涉及参数数值

参数	k_0	k_1	k_2	k_3	k_4
$-\dfrac{1}{2}\ln K_{sp,\,BaSO_4}$	11.69	-0.2280×10^{-1}	0.2009×10^{-3}	-0.5801×10^{-6}	0.8104×10^{-9}
$-\dfrac{1}{2}\ln K_{sp,\,SrSO_4}$	7.646	-0.5670×10^{-2}	0.1803×10^{-3}	-0.1227×10^{-5}	0.6418×10^{-8}
$-\dfrac{1}{2}\ln K_{sp,\,CaSO_4\cdot2H_2O}$	5.247	-0.4665×10^{-2}	0.1089×10^{-3}	-0.2696×10^{-6}	0.2382×10^{-9}
$-\dfrac{1}{2}\ln K_{sp,\,CaSO_4}$	4.662	0.1870×10^{-1}	-0.1678×10^{-3}	0.1688×10^{-5}	-0.4425×10^{-8}

溶度积常数的压力关联计算式。体系处于固—液平衡时，对于某一硫酸盐垢物 $MX \cdot nH_2O$ 有：

$$K_{sp,MX} = m_M m_X \gamma_M \gamma_X \gamma_{H_2O}^n = Q_{sp,MX}^2 \gamma_{MX}^2 \quad (4-93)$$

式中　$Q_{sp,MX}$——平衡时成垢阴离子、阳离子的摩尔分数乘积。

$$Q_{sp} = R_i \cdot Q_{sp,r} \quad (4-94)$$

其中

$$R_{BaSO_4} = R_{CaSO_4} = \exp\left\{\left[A(p - p_r) + B(p^2 - p_r^2) \right]\exp\left(CI^{1/2} + DI \right)\right\}$$

$$R_{SrSO_4} = \exp\left\{\left[A(2.0 - T/298)(p - p_r) + B(p^2 - p_r^2) \right]\exp\left(CI^{1/2} + DI \right)\right\}$$

$$R_{CaSO_4 \cdot 2H_2O} = 1.0 + 0.69\left(R_{CaSO_4} - 1.0 \right)$$

式中　$Q_{sp,r}$——参考压力（1bar）下，平衡时成垢阴、阳离子的摩尔分数乘积；

p——体系压力，bar；

p_r——参考压力，值为 1bar。

（3）平衡时沉积量的预测计算式如下。

$$\left(m_{M1} - s_{p1} \right)\left(m_X - s_{p1} - s_{p2} - s_{p3} \right)\gamma_{\pm MX1}^2 = K_{sp1} \quad (4-95)$$

$$\left(m_{M2} - s_{p2} \right)\left(m_X - s_{p1} - s_{p2} - s_{p3} \right)\gamma_{\pm MX2}^2 = K_{sp2} \quad (4-96)$$

$$\left(m_{M3} - s_{p3} \right)\left(m_X - s_{p1} - s_{p2} - s_{p3} \right)\gamma_{\pm MX3}^2 = K_{sp3} \quad (4-97)$$

式中　m_{M1}，m_{M2}，m_{M3}——Ba^{2+}、Sr^{2+}、Ca^{2+} 离子的初始质量摩尔浓度，mol/kg；

s_{p1}，s_{p2}，s_{p3}——$BaSO_4$、$SrSO_4$、$CaSO_4$ 的沉淀量，mol/kg；

m_X——SO_4^{2-} 离子的初始质量摩尔浓度，mol/kg；

$\gamma_{\pm MX1}$，$\gamma_{\pm MX2} \sim \gamma_{\pm MX3}$——$BaSO_4$、$SrSO_4$、$CaSO_4$ 的平均活度系数；

K_{sp1}，K_{sp2}，K_{sp3}——$BaSO_4$、$SrSO_4$、$CaSO_4$ 的浓度积常数。

（4）模型求解流程图。

硫酸盐垢的程序计算流程如图 4-17 所示。

5. 碳酸盐结垢预测模型

1）碳酸盐结垢预测模型

碳酸盐垢尤其是 $CaCO_3$ 垢，是油气开采过程中很常见的无机盐垢。地层流体从井下运移到地表,压力下降明显,水中的 CO_2 逸出,使得气—液—固平衡向有利于 $CaCO_3$ 生成的方向进行,从而导致碳酸钙沉淀生成。$CaCO_3$-H_2O-CO_2 体系的固—液—气三相平衡原理如图 4-18 所示。

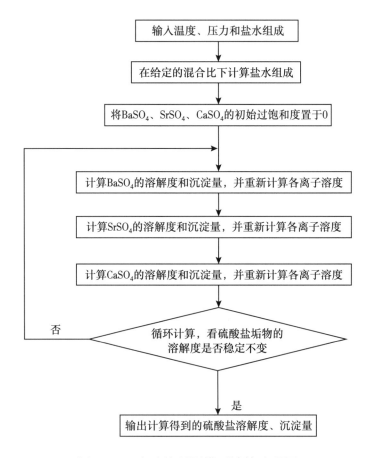

图 4-17　硫酸盐预测模型计算流程图

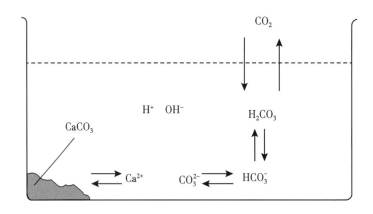

图 4-18　$CaCO_3$ 的气—液—固平衡体系

实际的 $CaCO_3$-H_2O-CO_2 平衡过程中，涉及诸多反应平衡。

（1）溶液中碳酸钙分子的分解。

$$CaCO_3(s) \rightleftharpoons Ca^{2+} + CO_3^{2-} \qquad (4\text{-}98)$$

平衡时：

$$K_{sp}^{CaCO_3} = \frac{a_{Ca^{2+}} a_{CO_3^{2-}}}{a_{CaCO_3}} = a_{Ca^{2+}} a_{CO_3^{2-}} \qquad (4\text{-}99)$$

式中　$K_{sp}^{CaCO_3}$——$CaCO_3$ 的溶度积，（mol/kg）^{2}；

　　　$a_{Ca^{2+}}$——钙离子的活度，mol/kg；

　　　$a_{CO_3^{2-}}$——碳酸根离子的活度，mol/kg；

　　　a_{CaCO_3}——$CaCO_3$ 的活度，mol/kg。

（2）碳酸的一次分解：

$$CO_2(aq) + H_2O(1) \rightleftharpoons H^+ + HCO_3^- \qquad (4\text{-}100)$$

平衡时：

$$K_1^{H_2CO_3} = \frac{a_{H^+} a_{HCO_3^-}}{a_{H_2CO_3}} = \frac{a_{H^+} a_{HCO_3^-}}{a_{H_2O} a_{CO_2,aq}} = \frac{a_{H^+} a_{HCO_3^-}}{a_{CO_2,aq}} \qquad (4\text{-}101)$$

式中　$K_1^{H_2CO_2}$——H_2CO_3 的平衡常数；

　　　$a_{HCO_3^-}$——碳酸氢根的活度，mol/kg；

　　　$a_{CO_2,aq}$——水溶液中 CO_2 的活度，mol/kg；

　　　a_{H^+}——H^+ 的活度，mol/kg；

　　　$a_{CO_2,aq}$——溶液中 CO_2 的活度，mol/kg；

　　　a_{H_2O}——水的活度，mol/kg。

（3）碳酸氢根的离解：

$$HCO_3^- \rightleftharpoons H^+ + CO_3^{2-} \qquad (4\text{-}102)$$

平衡时：

$$K_2^{HCO_3^-} = \frac{a_{H^+} a_{CO_3^{2-}}}{a_{HCO_3^-}} \qquad (4\text{-}103)$$

（4）二氧化碳分子的溶解：

$$CO_2(g) \rightleftharpoons CO_2(aq) \tag{4-104}$$

平衡时：

$$K_H^{CO_2} = \frac{a_{CO_2,aq}}{f_{CO_2,g}} = \frac{a_{CO_2,aq}}{y_{CO_2} p \phi_{CO_2}} \tag{4-105}$$

（5）水分子自身的离解：

$$H_2O(l) \rightleftharpoons H^+ + OH^- \tag{4-106}$$

平衡时水的离解平衡常数为：

$$K_w = \frac{a_{H^+} a_{OH^-}}{a_{H_2O,l}} = a_{H^+} a_{OH^-} \tag{4-107}$$

（6）混合水溶液的总碱度：

$$m_T = 2m_{CO_3^{2-}} + m_{HCO_3^-} + m_{OH^-} - m_{H^+} \tag{4-108}$$

式中　m_T——混合水溶液的总碱度；

$\quad m_{CO_3^{2-}}$——CO_3^{2-} 的碱度；

$\quad m_{HCO_3^-}$——HCO_3^- 的碱度；

$\quad m_{OH^-}$——OH^- 的碱度；

$\quad m_{H^+}$——H^+ 的碱度。

联立式（4-101）、式（4-102）、式（4-103）、式（4-106）、式（4-107）和式（4-108）有

$$\begin{aligned}
m_{Ca^{2+}} &= 2m_{CO_3^{2-}} + m_{HCO_3^-} + m_{OH^-} - m_{H^+} \\
&= \frac{2K_{sp}^{CaCO_3}}{a_{Ca^{2+}} \gamma_{CO_3^{2-}}} + \left(\frac{K_1 K_{sp}^{CaCO_3} a_{CO_2,aq}}{K_2 \cdot a_{Ca^{2+}} \gamma_{HCO_3^-}^2} \right)^{1/2} + \\
&\quad \frac{K_w}{\gamma_{OH^-}} \left(\frac{K_1 K_2 a_{Ca^{2+}} a_{CO_2,aq}}{K_{sp}^{CaCO_3}} \right)^{1/2} - \left(\frac{K_1 K_2 a_{Ca^{2+}} a_{CO_2,aq}}{K_{sp}^{CaCO_3} \left(\gamma_{H^+} \right)^2} \right)^{1/2}
\end{aligned} \tag{4-109}$$

利用上式可求得碳酸钙的溶解度，从而预测其成垢，对于其他碳酸盐（如

碳酸镁），式（4-109）一样适用。

沉积量为：

$$s_p = m_{Ca^{2+}} - S_{Ca^{2+}} \qquad (4-110)$$

式中　s_p——$CaCO_3$ 的沉淀量，mol/kg；

　　　　$m_{Ca^{2+}}$——Ca^{2+} 的质量浓度，mol/kg；

　　　　$S_{Ca^{2+}}$——Ca^{2+} 的溶解度，mol/kg。

碳酸钙在水溶液中的溶解、沉淀平衡的通用表达式为：

$$CaCO_3(s) + H_2O(1) + CO_2(aq) \xrightleftharpoons{} Ca^{2+} + HCO_3^- \qquad (4-111)$$

体系达到平衡时有：

$$K_{sp} = \frac{a_{Ca^{2+}} a_{HCO_3^-}^2}{a_{CaCO_3} a_{H_2O} a_{CO_2,aq}} = \frac{a_{Ca^{2+}} a_{HCO_3^-}^2}{a_{CO_2,aq}} \qquad (4-112)$$

碳酸盐饱和指数的定义式为：

$$SI = \ln\left(\frac{a_{Ca^{2+}} a_{HCO_3^-}^2}{a_{CO_2,aq}} \frac{K_2^{HCO_3^-}}{K_{sp} K_1^{H_2CO_3}} \right) \qquad (4-113)$$

水溶液中二氧化碳的活度：

$$a_{CO_2,aq} = p_{CO_2} \phi_g^{CO_2} K_H^{CO_2} \qquad (4-114)$$

将式（4-114）代入式（4-113）得：

$$SI = \ln\left\{ \frac{a_{Ca^{2+}} a_{HCO_3^-}^2}{p_{CO_2} \phi_{gas}^{CO_2}} \frac{K_2^{HCO_3^-}}{K_{sp} K_1^{H_2CO_3} K_H^{CO_2}} \right\} \qquad (4-115)$$

$$\log(F_s) = SI$$

式中　$a_{Ca^{2+}}$——钙离子的活度，mol/kg；

　　　　$a_{HCO_3^-}$——碳酸氢根的活度，mol/kg；

　　　　$a_{CO_2,aq}$——水溶液中 CO_2 的活度，mol/kg；

　　　　K_{sp}——$CaCO_3$ 的溶度积常数；

　　　　$K_2^{H_2CO_3^-}$——HCO_3^- 的溶度积常数；

$K_1^{H_2CO_3}$——H_2CO_3 的溶度积常数；

p_{CO_2}——CO_2 分压，bar；

$\phi_g^{CO_2}$——CO_2 在气相中的逸度系数；

$K_H^{CO_2}$——CO_2 的亨利常数。

式（4-115）可用来判断碳酸盐成垢状况。成垢状况判定：当 $F_s=1$ 时，溶液饱和无结垢；当 $F_s > 1$ 时，溶液过饱和有结垢；当 $F_s < 1$ 时，溶液未饱和无结垢。

2）模型参数的求解

（1）碳酸钙的平衡常数 K_{sp} 求解。

据前面的化学势方程，求解 $CaCO_3$ 的溶度积为：

$$K_{sp}^{CaCO_3} = \frac{a_{Ca^{2+}}a_{CO_3^{2-}}}{a_{CaCO_3}} = \exp\left(-\frac{\mu_{CO_3^{2-}}^* + \mu_{Ca^{2+}}^* - \mu_{CaCO_3}^*}{RT}\right) \qquad (4-116)$$

式中 $\mu_{CO_3^{2-}}^*$——溶液中碳酸根离子的标准化学势，J/mol；

$\mu_{Ca^{2+}}^*$——溶液中 Ca^{2+} 的标准化学势，J/mol；

$\mu_{CaCO_3}^*$——$CaCO_3$ 的标准化学势，J/mol。

计算中相关参数值见表4-6。

表4-6　水溶液中各物质的化学势

化学式	化学势（μ_i^*/RT）	化学式	化学势（μ_i^*/RT）
H_2O	−95.6635	$Mg(OH)_2$	−335.4
Na^+	−105.651	$CaCO_3$	−455.6
K^+	−113.957	$CaCl_2 \cdot 4H_2O$	−698.7
CO_3^{2-}	−212.944	$NaHCO_3$	−343.33
Ca^{2+}	−223.3	$MgSO_4 \cdot 7H_2O$	−1157.83
Mg^{2+}	−183.468	$CaSO_4 \cdot 2H_2O$	−725.56
H^+	0	$NaCl$	−154.99
Cl^-	−52.955	$MgSO_4 \cdot 6H_2O$	−1061.6
SO_4^{2-}	−300.386	$KHCO_3$	−350.06
HSO_4^-	−304.942	$MgSO_4 \cdot H_2O$	−579.8
OH^-	−63.435	$MgCO_3$	−414.45
HCO_3^-	−236.751	$Na_2SO_4 \cdot 10H_2O$	−1471.15

续表

化学式	化学势（μ_i^*/RT）	化学式	化学势（μ_i^*/RT）
$CaCO_3$	−443.5	$Na_2CO_3 \cdot 10H_2O$	−1382.78
$MgCO_3$	−403.155	$MgCO_3 \cdot 3H_2O$	−695.3
CO_2	−155.68	$Ca(OH)_2$	−362.12
CO_2（gas）	−159.092	$K_2CO_3 \cdot 3/2H_2O$	−577.37
$CaSO_4$	−533.73	$Na_2CO_3 \cdot 7H_2O$	−1094.95
$CaCO_3$	−455.17	KCl	−164.84
K_2SO_4	−532.39	Na_2SO_4	−512.35
$MgCl_2 \cdot 6H_2O$	−853.1	$Na_2CO_3 \cdot H_2O$	−518.8

（2）碳酸与碳酸氢根的离解平衡常数 K_1 及 K_2 的求解。

碳酸与碳酸氢根的平衡常数的计算由实验回归的经验方程求解。该模型关联了温度、压力，且计算结果精度高。

$$
\begin{aligned}
\ln K = {} & a_1 + a_2 T + a_3 T^{-1} + a_4 T^{-2} + a_5 \ln T + \\
& \left(a_6 T^{-1} + a_7 T^{-2} + a_8 T^{-1} \ln T \right)\left(p - p_s \right) + \\
& \left(a_9 T^{-1} + a_{10} T^{-2} + a_{11} T^{-1} \ln T \right)\left(p - p_s \right)^2
\end{aligned}
\tag{4-117}
$$

式中　p——系统压力，bar；

　　　T——温度，K；

　　　p_s——与温度有关的分段压力，当 $T < 373.15K$ 时，p_s=1bar；当 $T > 373.15K$ 时，p_s 取水的饱和蒸气压，bar。

计算中相关参数值见表4-7。

表4-7　平衡常数的相关系数

参数	$\ln K_1$	$\ln K_2$	参数	$\ln K_1$	$\ln K_2$
a_1	233.5159304	−151.1815202	a_7	2131.318848	1389.015354
a_2	0	−0.088695577	a_8	6.714256299	4.419625804
a_3	−11974.38348	−1362.259146	a_9	0.008393915	0.003219994
a_4	0	0	a_{10}	−0.40154414	−0.164447126
a_5	−36.50633536	27.79798156	a_{11}	−0.001240187	−0.000473667
a_6	−45.08004597	−29.51448102			

（3）水溶液中 CO_2 活度 $a_{CO_2, aq}$ 的求解。

CO_2 在水溶液中的溶解平衡，可以用其在气相和液相中的化学势（分别为 $\mu^{v}_{CO_2}$、$\mu^{1}_{CO_2}$）来描述。

气相中 CO_2 的化学势：

$$
\begin{aligned}
\mu^{v}_{CO_2}(T,p,y) &= \mu^{v(0)}_{CO_2}(T) + RT \ln f_{CO_2}(T,p,y) \\
&= \mu^{v(0)}_{CO_2}(T) + RT \ln y_{CO_2} p + RT \ln \varphi_{CO_2}(T,p,y)
\end{aligned}
\tag{4-118}
$$

式中　$\mu^{v}_{CO_2}$——气相中 CO_2 的化学势，J/mol；

f_{CO_2}——CO_2 的逸度，Pa；

$\mu^{v(0)}_{CO_2}$——CO_2 在气相中的标准化学势，J/mol；

y_{CO_2}——CO_2 的摩尔分数；

p——系统压力，Pa；

φ_{CO_2}——CO_2 的逸度系数。

液相中 CO_2 的化学势：

$$
\begin{aligned}
\mu^{1}_{CO_2}(T,p,m) &= \mu^{1(0)}_{CO_2}(T,p) + RT \ln a_{CO_2}(T,p,m) \\
&= \mu^{1(0)}_{CO_2}(T,p) + RT \ln m_{CO_2} + RT \ln \gamma_{CO_2}(T,p,m)
\end{aligned}
\tag{4-119}
$$

式中　$\mu^{1}_{CO_2}$——液相中 CO_2 的化学势，J/mol；

a_{CO_2}——CO_2 的活度，mol/kg；

$\mu^{1(0)}_{CO_2}$——CO_2 在液相中的标准化学势，J/mol；

m_{CO_2}——CO_2 在溶液中的浓度，mol/kg；

p——系统压力，Pa；

γ_{CO_2}——CO_2 在液相中的活度系数。

平衡时：

$$
\mu^{v}_{CO_2} = \mu^{1}_{CO_2}
\tag{4-120}
$$

溶液中 CO_2 活度的定义：

$$
a^{aq}_{CO_2}(T,p,m) = m^{aq}_{CO_2} \gamma_{CO_2}(T,p,m)
\tag{4-121}
$$

式中　$m^{aq}_{CO_2}$——CO_2 在液相中的质量摩尔浓度，mol/kg；

γ_{CO_2}——CO_2 在液相中的活度系数。

平衡时，CO_2 在两相中的化学势相等。则实际溶液中 CO_2 的浓度：

$$\ln m_{CO_2}^{aq} = \ln y_{CO_2}\varphi_{CO_2}p - \frac{\mu_{CO_2}^{1(0)}}{RT} -$$
$$2\lambda_{CO_2-Na}\left(m_{Na} + m_K + 2m_{Ca} + 2m_{Mg}\right) -$$
$$\xi_{CO_2-Na-Cl}m_{Cl}\left(m_{Na} + m_K + m_{Ca} + m_{Mg}\right) + 0.07m_{SO_4} \tag{4-122}$$

式中　λ_{CO_2-Na}——CO_2 与溶液中钠离子的交互作用系数；

m_{Na}，m_K，m_{Ca}，m_{Mg}，m_{Cl}，m_{SO_4}——各自对应的离子浓度，mol/kg；

$\xi_{CO_2-Na-Cl}$——溶液中 CO_2—钠离子—氯离子的交互作用系数。

CO_2 在气相中的分压 $y_{CO_2}p$ 可表示为：

$$y_{CO_2}p = p - p_{H_2O} \tag{4-123}$$

水蒸气分压 p_{H_2O} 的求解：

$$p_{H_2O} = \left(p_cT/T_c\right)\left[1 + c_1\left(-t\right)^{1.9} + c_2t + c_3t^2 + c_4t^3 + c_5t^5\right] \tag{4-124}$$

式中　R——通用气体常数，值为 0.08314467，bar·L/(mol·K)；

p_c——水的临界压力，bar；

V_c——临界温度、压力下水的摩尔体积，L/mol；

T_c——水的临界温度，K。

计算中相关参数值见表 4-8。

表 4-8　计算中涉及系数

参数	c_1	c_2	c_3	c_4	c_5
数值	-38.64084	5.894842	59.876516	26.654627	10.637097

CO_2 在气相中的逸度系数 $\varphi_{CO_2}\left(T, p, y\right)$：

$$\varphi_{CO_2} = c_1 + \left[c_2 + c_3T + c_4/T + c_5/(T-150)\right]p +$$
$$\left(c_6 + c_7T + c_8/T\right)p^2 + \left(c_9 + c_{10}T + c_{11}/T\right)\ln p +$$
$$\left(c_{12} + c_{13}T\right)/p + c_{14}/T + c_{15}T^2 \tag{4-125}$$

式中　φ_{CO_2}——CO_2 的逸度系数；

p——系统总压，bar；

V——系统摩尔体积，L/mol；

T——系统温度，K。

计算中相关参数值见表4-9。

表4-9 逸度系数计算涉及参数

参数	温度压力范围					
	1	2	3	4	5	6
c_1	1.0	-7.173×10^{-1}	-6.512×10^{-2}	5.0383	-16.063	-1.569×10^{-1}
c_2	4.758×10^{-3}	1.598×10^{-4}	-2.142×10^{-4}	-4.425×10^{-3}	-2.705×10^{-3}	4.462×10^{-4}
c_3	-3.356×10^{-6}	-4.928×10^{-7}	-1.144×10^{-6}	0	0	-9.108×10^{-7}
c_4	0	0	0	1.957	1.411×10^{-1}	0
c_5	-1.317	0	0	0	0	0
c_6	-3.838×10^{-6}	-2.785×10^{-7}	-1.155×10^{-7}	2.422×10^{-6}	8.113×10^{-7}	1.064×10^{-7}
c_7	0	1.187×10^{-9}	1.195×10^{-9}	0	0	2.427×10^{-10}
c_8	2.281×10^{-3}	0	0	-9.379×10^{-4}	-1.145×10^{-4}	0
c_9	0	0	0	-1.502	2.389	3.587×10^{-1}
c_{10}	0	0	0	3.027×10^{-3}	5.052×10^{-4}	6.331×10^{-5}
c_{11}	0	0	0	-31.377	-17.763	-249.896
c_{12}	—	-96.539512	-221.343	-12.847	985.922	0
v_{13}	—	4.477×10^{-1}	0	0	0	0
c_{14}	—	101.810	71.820	0	0	888.768
c_{15}	—	5.378×10^{-6}	6.608×10^{-6}	-1.505×10^{-5}	-5.496×10^{-7}	-6.634×10^{-7}

CO_2 在液相中标准化学势 $\mu_{CO_2}^{1(0)}$ （T,p）：

$$\frac{\mu_{CO_2}^{1(0)}}{RT} = b_1 + b_2T + b_3/T + b_4T^2 + b_5/(630-T) + b_6p + b_7p\ln T +$$
$$b_8p/T + b_9p/(630-T) + b_{10}p^2/(630-T)^2 + b_{11}T\ln p \qquad （4-126）$$

CO_2 在液相中的活度系数 γ_{CO_2}：

$$\ln\gamma_{CO_2} = \sum_c 2\lambda_{CO_2-c}m_c + \sum_a 2\lambda_{CO_2-a}m_a + \sum_c\sum_a \xi_{CO_2-a-c}m_c\cdot m_a \qquad （4-127）$$

式中　λ_{CO_2-c}，λ_{CO_2-a}——CO_2 与溶液中正、负离子的交互作用系数；

ξ_{CO_2-a-c}——溶液中 CO_2—正离子—负离子的交互作用系数；

m_c——溶液中正离子的浓度，mol/kg；

m_a——溶液中负离子的浓度，mol/kg。

计算中相关参数值见表 4-10。

表 4-10 计算中涉及参数数值

参数	$\mu_{CO_2}^{1(0)}RT$	λ_{CO_2-Na}	$\xi_{CO_2-Na-Cl}$
b_1	28.9447706	-0.411370585	3.36389723
b_2	-0.0354581768	6.07632013	-1.9829898
b_3	-4770.67077	97.5347708	—
b_4	1.02782768	—	—
b_5	33.8126098	—	—
b_6	9.0403714	—	—
b_7	-1.14934031	—	—
b_8	-0.307405726	-0.0237622469	2.12220830
b_9	-0.0907301486	0.0170656236	-5.24873303
b_{10}	9.32713393	—	—
b_{11}	—	1.41335834	—

（4）水的平衡常数 K_w 的求解。

$$\lg K_w = A + B/T + C/T^2 + D/T^3 + \left(E + F/T + G/T^2 \right)\lg \rho_w \quad （4-128）$$

式（4-128）中水的密度 ρ_w 由式（4-65）计算得到。计算中相关参数值见表 4-11。

表 4-11 水的平衡常数计算参数

参数	A	B	C	D	E	F	G
数值	-4.098	-3245.2	2.2362×10^5	-3.984×10^7	13.957	-1262.3	8.5641×10^5

（5）平衡时沉积量的预测计算。

$$s_p = \frac{\left\{ m_{Ca^{2+}} + m_{CO_3^{2-}} - \left[\left(m_{Ca^{2+}} + m_{CO_3^{2-}} \right)^2 + 4K_{sp} \right]^{\frac{1}{2}} \right\}}{2} \quad （4-129）$$

深层天然气井流动保障技术

式中　s_p——平衡时 $CaCO_3$ 的沉淀量，mol/kg；

　　　　$m_{Ca^{2+}}$——Ca^{2+} 离子的初始质量摩尔浓度，mol/kg；

　　　　$m_{CO_3^{2-}}$——SO_4^{2-} 离子的初始质量摩尔浓度，mol/kg；

　　　　K_{sp}——$CaCO_3$ 的浓度积常数。

3）模型求解流程图

碳酸盐垢的程序计算流程如图 4-19。

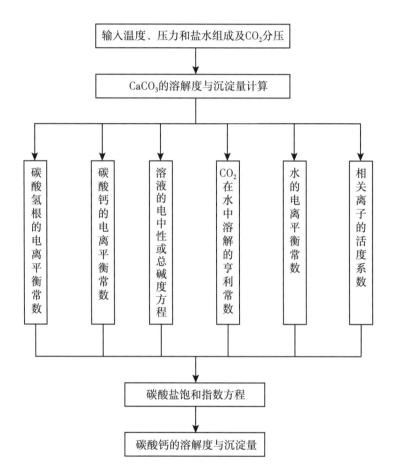

图 4-19　碳酸盐垢预测模型计算流程图

第三节　深层高温高压气井高效除垢技术

国内中浅层堵塞气井多数采用酸性化学解堵技术，取得了较好的效果，2012 年中原油田文 23 气田针对 $CaCO_3$ 垢堵研制了 PDT-1 清垢剂，在地层温度 90℃下溶蚀率超过 90%、N80 钢材腐蚀率 0.54g/（$m^2 \cdot h$），现场试验单

118

井增产 2.5×10⁴m³/d，增幅大于 30%；2018 年元坝气田针对酸溶类堵塞物研制 20% 盐酸高效解堵液，堵塞物溶蚀率 36.6%，成功应用 8 口井，恢复产量 316×10⁴m³/d；2018 年大牛地气田研制除垢剂 GCCG-1，在地层温度 80℃ 下垢样溶蚀率 95%，管材腐蚀率 1.80g/（m²·h），现场试验复活一口长停井，日增气 0.4×10⁴m³；2019 年，叶小闯等采用井口注入除垢剂的方式成功解除了长庆油田 37 口气井井筒结垢、腐蚀产物等堵塞，累计增气 1.1×10⁸m³。对于深层气井而言，主要是配套耐高温低腐蚀高效解堵液体系和配套解堵工艺。

一、解堵液体系

1. 解堵液体系评价方法

1）解堵液评价实验方法

（1）外观测定。

取配制好的解堵液 50mL 于 100mL 比色管中，静置观察有无沉淀及悬浮物。

（2）密度测定。

取配制好的解堵液按 GB/T 2013—2010《液体石油化工产品密度测定法》的规定进行，试样直接测定。

（3）表面张力的测定。

取配制好的解堵液在室温下，按 SY/T 5370—2018《表面及界面张力测定方法》规定的方法测定。

（4）静态腐蚀率的测定

取配制好的解堵液，在 90℃ 条件下，N80/P110 试片按 Q/SY TZ 0155—2016《酸化缓蚀技术要求及试验方法》规定的常压静态腐蚀率方法测定，13Cr/15Cr 试片按 Q/SY TZ 0473—2016《不锈钢酸化缓蚀剂技术要求及试验方法》规定的常压静态腐蚀速率评定试验方法测定。

（5）溶蚀率的测定。

取分析纯碳酸钙粉、岩石颗粒、氧化铁粉置于干燥箱中，在 105℃±3℃ 下烘 2h。在电子天平上，分别称取烘干样品各 2 份，每份 5.0g（精确至 0.001g），分别置于 6 个 250mL 烧杯中；先加少量蒸馏水润湿样品，再在烧杯中各加入 100mL 解堵液试样溶液，置于 90℃±3℃ 电热恒温水浴中 4h，然后取出冷却至室温观察，直到无气泡产生；用定量滤纸过滤样品溶蚀后剩余物，过滤后的剩余物放入电热恒温干燥箱，在 105℃±3℃ 下烘至质量恒定，在分析天平上称取残留物质量，准确至 0.001g。

$$L = \frac{m_1 - m_2 + m_3}{m_1}$$

（4-130）

式中　L——解堵液溶蚀率，%；

　　　m_1——样品处理前的称量，g；

　　　m_2——样品处理后与滤纸烘干的称量，g；

　　　m_3——滤纸的称量，g。

平行测定之差不得大于 1%，取其算术平均值为测定结果。

2）解堵液性能指标

解堵液应符合表 4-12 的要求。

表 4-12　技术性能指标

项目			技术指标
控制指标	外观		均匀液体
	密度，g/cm³		≤ 1.15
	表面张力（室温），mN/m		≤ 25.0
	静态腐蚀速率（90℃），g/（m²·h）	N80/P110 试片	≤ 8.0
		13Cr/15Cr 试片	≤ 3.0
	溶蚀率，%	碳酸钙粉	≥ 90.0
		岩石颗粒	≥ 15
		氧化铁	≥ 25
辅助指标	洗油率，%		≥ 50.0

2. 高溶蚀、低腐蚀解堵液体系研发

基于库车山前气井井筒堵塞物成分以 $CaCO_3$、$CaSO_4$ 垢为主、砂为辅，大部分堵塞物可以通过化学溶蚀作用快速解除。因此确定化学解堵研究方向，以垢/砂高溶蚀率、管材低腐蚀率为目标，持续 4 年科研攻关，完成 330 余次室内评价实验，从主剂浓度优化、综合溶蚀能力、解堵液体系缓蚀效果、与地层水的配伍性等方面，不断提高解堵液的综合性能，研发了 2 套酸性、1 套非酸性高效解堵酸液体系。

体系 1："9%HCl+1%HF"土酸体系。针对以垢为主，砂为辅的堵塞物，通过基础实验评估，确定选用 HCl 作为溶解无机垢的主要化学剂，辅以少量 HF 酸用于增强地层岩石的溶解，提高酸液的溶蚀率和溶解速度。

体系 2："6%HCl"盐酸体系。针对垢为主的堵塞物，通过基础实验评估，确定选用以 6%HCl 作为溶解地层岩石的主要化学剂。

体系 3：非酸性解堵液体系。针对以垢为主的井筒堵塞物，通过基础实验评估，选用以多种螯合剂复配形成非酸性解堵液，实现对无机垢较高的溶蚀率和溶解速度。

1）堵塞物溶蚀率性能评价

对三种体系开展 100% 砂、100% 垢、50% 砂 +50% 垢和现场垢样的溶蚀率实验，溶蚀率结果见表 4-13。

表 4-13　三套解堵液体系对不同堵塞物类型溶蚀率效果

序号	解堵酸液类型	溶蚀率（90℃，2h），%			
		100% 砂	100% 垢	50% 砂 +50% 垢	现场取出垢块（垢为主）
1	9%HCl+1%HF+ 添加剂	34.17	94.42	57.37	77.84（20min 快速溶解）
2	6%HCl+ 添加剂	26.09	92.81	55.75	74.32
3	非酸性解堵体系 + 添加剂	0	78.34	—	77.13

从综合溶蚀效果可以看出：

体系 1："9%HCl+1%HF"土酸体系对垢的溶蚀率为 94.42%，达到对垢的高效溶蚀，对砂溶蚀率 34.17%，实现对砂少量溶蚀，对现场垢样溶蚀实验前后效果如图 4-20 所示。

(a)溶蚀前　　　　　　　　(b)溶蚀后

图 4-20　"9%HCl+1%HF"体系对现场垢样溶蚀效果

体系2:"6%HCl"盐酸体系对垢的溶蚀率为92.81%,达到对垢的高效溶蚀,对现场垢样溶蚀实验前后效果如图4-21所示。

体系3:非酸性解堵液体系对垢的溶蚀率为78.34%,略低于"9%HCl+1%HF"土酸体系,对现场垢样溶蚀实验前后效果如图4-22所示。

(a)溶蚀前   (b)溶蚀后

图4-21   "6%HCl"体系对现场垢样溶蚀效果

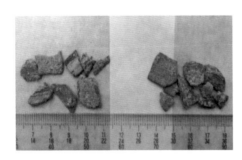

(a)溶蚀前   (b)溶蚀后

图4-22   非酸性解堵液体系对现场垢样溶蚀效果

2)管材腐蚀性评价

保障深层气井井筒完整安全对气井安全生产至关重要,在使用酸性解堵液时不可避免对生产管柱产生一定损伤,因此优选高效缓释剂至关重要。行业标准 SY/T 5405—2019《酸化用缓蚀剂性能试验方法剂评价指标》规定不同测试条件下的缓蚀剂评价指标,见表4-14。

为了降低酸液体系对管材的腐蚀,选用专用缓蚀剂加入鲜酸,进行腐蚀速率测定,并优化缓蚀剂加量。实验结果见表4-15所示。

在90℃常压静态条件下,体系1和体系2两种酸性解堵液中加入2%碳钢缓蚀剂,对N80钢片的腐蚀速率分别为1.55g/($m^2 \cdot h$)和1.86g/($m^2 \cdot h$),均远低于行业标准不大于8.00g/($m^2 \cdot h$)要求。

表 4-14　行业标准 SY/T 5405—2019 对缓蚀剂性能要求

类型	酸液类型	实验温度 °C	反应时间 h	搅拌速度 r/min	缓蚀剂加量 %	缓蚀剂评价指标 g/（m²·h）
常压静态	20%HCl	90	4	—	0.5	≤6.0
	12%HCl+3%HF	90			1.0	≤8.0
高温高压动态	20%HCl	120		60	2.0	≤35.0
		140			3.0	≤45.0
	12%HCl+3%HF	120			2.0	≤15.0
		140			4.0	≤30.0

表 4-15　三种解堵液体系对管材钢片腐蚀速率结果

序号	解堵液体系	钢片类型	实验条件	缓蚀剂类型及加量	腐蚀速率 g/（m²·h）
1	9%HCl+1%HF	S13Cr	120℃ 高温高压动态	5.1% 超级 13Cr 缓蚀剂	7.53
2		S13Cr	140℃ 高温高压动态		26.65
3		N80	90℃ 常压静态	2% 碳钢缓蚀剂	1.55
4	6%HCl	S13Cr	120℃ 高温高压动态	4% 专用缓蚀剂	2.13
5		S13Cr	140℃ 高温高压动态		12.54
6		N80	90℃ 常压静态	2% 碳钢缓蚀剂	1.86
7	非酸性解堵液	S13Cr	120℃ 高温高压动态	—	0.027
8		S13Cr	140℃ 高温高压动态		0.082
9		N80	90℃ 常压静态		0.014

在 120℃ 高温高压动态条件下，体系 1 和体系 2 两种酸性解堵液分别加入 5.1% 超级 13Cr 专业缓蚀剂和 4% 专用缓蚀剂，对 S13Cr 钢片的腐蚀速率分别为 7.53g/（m²·h）和 2.13g/（m²·h），均远低于行业标准不大于 15.00g/（m²·h）要求。

在 140℃ 高温高压动态条件下，体系 1 和体系 2 两种酸性解堵液分别加入 5.1% 超级 13Cr 专业缓蚀剂和 4% 专用缓蚀剂，对 S13Cr 钢片的腐蚀速率分别为 26.65g/（m²·h）和 12.54g/（m²·h），均远低于行业标准不大于 30.00g/（m²·h）要求。

体系 3 为非酸性解堵液体系，140℃ 高温高压动态腐蚀率仅为 0.0821g/

（m²·h），对管材的腐蚀速率几乎可以忽略，相比酸性解堵液体有极大的优势。

140℃动态条件下三种体系对S13Cr钢片腐蚀前后图片如图4-23至图4-25所示。

(a)实验前　　　　　　　(b)实验后

图4-23　140℃动态条件下体系1对S13Cr钢片腐蚀照片

(a)实验前　　　　　　　(b)实验后

图4-24　140℃动态条件下体系2对S13Cr钢片腐蚀照片

(a)实验前　　　　　　　(b)实验后

图4-25　140℃动态条件下体系3对S13Cr钢片腐蚀照片

3）解堵液储层伤害评价

深层超深层气井近井主要渗流通道为裂缝，开展解堵液对人造裂缝的渗透率伤害实验，如图4-26所示，模拟碱性解堵液进入储层后的伤害。碱性解堵液进入地层后，裂缝渗透率从6.55mD提升至10.02mD，提升53.11%，起到了改善渗透率的作用。

(a)岩心裂缝

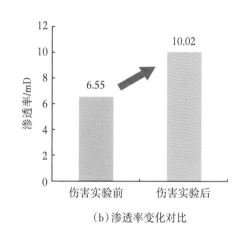

(b)渗透率变化对比

图4-26　解堵液伤害试验前后渗透率变化

二、系统解堵工艺

深层超深层高压气井全生命周期（尤其是开发后期）具有结垢风险，且为"井筒＋井周"复合结垢模式，因此在制定除垢策略不仅要考虑井筒除垢，还要考虑近井储层附近除垢，因此需要设计为系统解堵工艺。

1. 注入程序优化

深层高压气体在井筒中的流动以及"储层内部基质 → 裂缝 → 井底"流动过程中均有压力降低，均存在结垢条件，为"井筒＋井周储层"复合结垢模式，如图4-27所示，整个解堵工艺要实现"井筒—井周储层"系统解堵，如图4-28所示。

DN2-23井现场解堵情况如图4-29所示，解堵相关数据见表4-16。根据现场资料可知，DN2-23井井筒体积20m³，第一次、第二次解堵井筒，第三次解堵井筒和地层；解堵井筒使产能提高2.43倍和1.64倍，对产能提高较小；解堵地层使产能提高6.67倍，对产能提高大，说明地层堵塞比井筒严重。

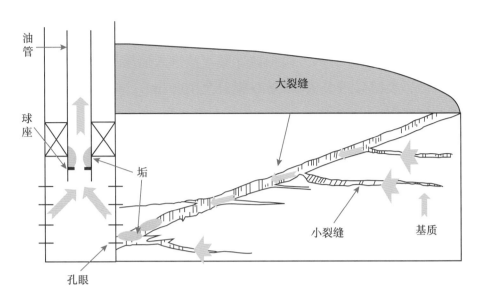

图 4-27 深层气井井筒解堵范围示意图

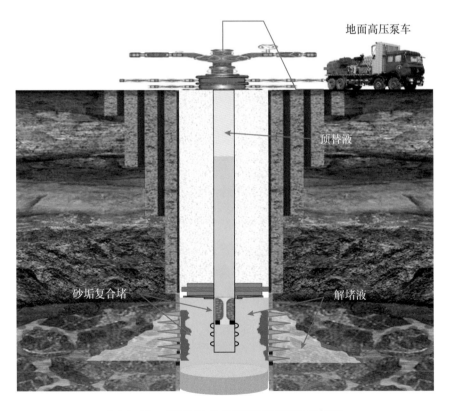

图 4-28 深层气井井筒解堵范围示意图

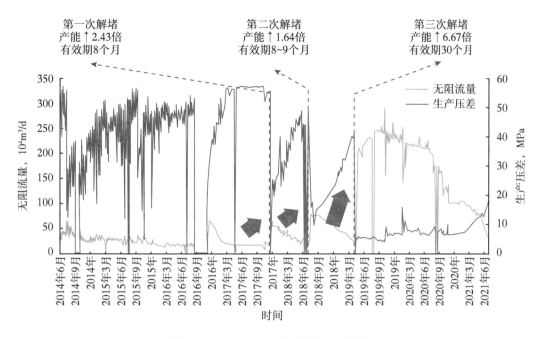

图 4-29　DN2-23 井现场解堵情况

表 4-16　DN2-23 井现场解堵相关数据

解堵次数	解堵液 m³	有效期，月	产能提高	生产压差解堵前 MPa	生产压差解堵后 MPa	备注
第一次解堵	20	8	2.43	55	20	井筒解堵
第二次解堵	20	8.9	1.64	50	15	井筒解堵
第三次解堵	60	30	6.67	40	7	井筒地层解堵

现场实际实施中，解堵工艺要考虑"井周储层—井筒"最优解堵效果，兼顾控制管材腐蚀，还要考虑措施时间短、井控安全、成本低等因素，综合考虑，采用不动管柱井口高压注入工艺，施工步骤如下。

（1）试注前置液：先小排量试注，在缓慢提高排量注入一个油管体积的清洁盐水，起到试挤地层和井筒降温的目的，实际测试管鞋处可降 20~30℃，可降低酸性解堵液对油管管材的腐蚀。

（2）低挤解堵液：低排量注入设计规模解堵液并充满井筒，停泵 30min，使解堵液与井筒堵塞物充分溶蚀反应。

（3）低挤顶替液：为实现井周储层解堵，在解堵液后续注入一个油管体积的清水，将解堵液全部顶替进入地层，到达"清洁井周储层"的目的。

（4）关井反应：关井反应一段时间，根据解堵液体系反应特点，酸性解堵液反应时间 2 小时，非酸性解堵液反应时间 20 小时。

（5）开井排液求产。开井返排井筒内反应废液，求产。

2. 施工排量优化

从解堵液体系管材腐蚀评价结果，可知即使加入了缓蚀剂，温度对管柱腐蚀的影响仍然非常显著，将大大加剧酸性解堵液对管柱腐蚀。对于深层气井，储层温度一般高于 120℃，为了进一步降低解堵酸液在注入过程中对管柱的腐蚀速率，建立施工期间井底温度预测模型，模拟计算不同注入排量下的管柱温度，如图 4-30 所示。可以得到，提高液体注入排量可以降低井底温度，在 1.5m³/min 下，40min 井底温度可以从 127℃ 降低至 76℃，降温明显，停泵 1h 后井底温度上升至 104℃。

因此制定以下工艺控制酸性解堵液对管材的腐蚀，具体方法:（1）在注入解堵酸液前，以 1m³/min 的注入速度向井筒注入一个井筒容积的中性前置液，将井底温度降至 89℃，为酸液的注入提供较低的环境温度。（2）以 0.5~1m³/min 的注入速度向井筒注入解堵酸液，让井底温度保持在小于 110℃ 的条件下。通过保持环境温度，保证酸液与管柱接触时不会发生过高的腐蚀。（3）在注入解堵酸液后，以 1m³/min 的注入速度向井筒注入一个井筒容积的中性后置液，缩短酸液与管柱的接触时间，进一步降低腐蚀速率。

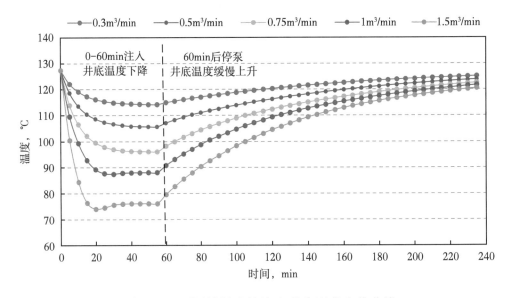

图 4-30　不同排量液体注入井底温度变化曲线

3. 特殊工况配套解堵工艺

通过前期对堵塞井的现场试验探索，发现堵塞井井筒工况非常复杂，部分井存在油套连通的情况，甚至是井筒堵死没有注液通道的情况。由此根据井筒实际工况，为单井量身制定"一井一策"解堵方案，通过 30 多井次的精细化治理对策研究和经验总结，形成以"有无挤液通道"和"油套是否连通"为主要考虑因素的井筒解堵工艺，如图 4-31 所示。

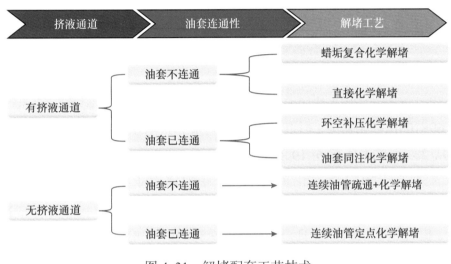

图 4-31 解堵配套工艺技术

1）油套是否连通分析

根据以下方法分析结果判断油套是否连通：绘制单井生产曲线（包含产气量、油压、各环空压力等），观察生产曲线中油压和 A 环空压力的相关性，若油压和 A 环空压力逐步趋向一致或已一致，表明油套连通。

2）井筒有无挤液通道分析

（1）若作业前堵塞严重无法进生产系统正常生产，则认为井筒无挤液通道；

（2）若作业前开井正常生产，油压产量较高，无阻流量高于正常生产时的一半，则认为井筒有挤液通道；

（3）若作业前开井正常生产，油压产量均较低，无阻流量低于正常生产时的一半，现场可进行试挤，根据试挤情况判断有无挤液通道。

3）井筒堵塞类型分析

通过堵塞井前期生产过程中的出砂情况、油压及产量变化情况，综合判断堵塞类型。堵塞类型通常分为砂堵、垢堵、砂垢复合堵三种类型。

4）解堵工艺选择

直接酸液解堵工艺适用于井筒出现堵塞，但不严重的情况，最好应用于有挤液通道、油套不连通的井；环空补压酸液解堵工艺适用于井筒出现堵塞、但有挤液通道、油套连通的井；连续油管疏通工艺适用于完全堵塞、无挤液通道的井；连续油管疏通＋酸液解堵工艺适用于无挤液通道且井底周围存在堵塞的井。

对于有挤液通道、但不能确定堵塞类型的情况，可以先采用成本较低的酸化解堵进行现场测试，试生产一段时间进行效果观察，再决定二次措施类型。

三、应用实例

1. KeS2-1-8 井

KeS2-1-8 井于 2014 年 3 月 10 日开井投产，8mm 工作制度，油压 82MPa，日产气 $69 \times 10^4 m$。2018 年 1 月起，因井筒堵塞导致油压从 53MPa 下降至 32MPa，日产气从 $20.8 \times 10^4 m^3$ 下降至 $19.8 \times 10^4 m^3$，见图 4-32。

2018 年 4 月 29 日对本井实施井筒化学解堵作业，解堵总液量 164m³（酸液 65m³），施工排量 0.51~2.56m³/min，泵压 20.4~96.2MPa。解堵后油压由 32.1MPa 提升至 70.1MPa，日产气量由 $19.86 \times 10^4 m^3$ 增至 $38.91 \times 10^4 m^3$，无阻流量是解堵前 17 倍，解堵效果非常显著，如图 4-33 所示。

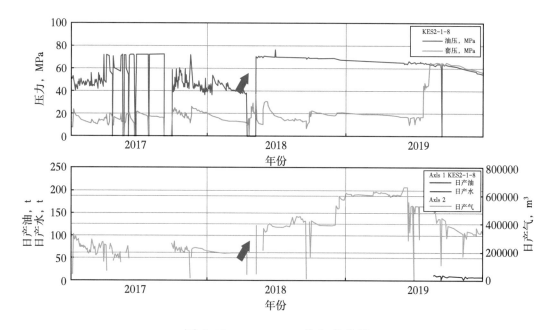

图 4-32　KeS2-1-8 井生产曲线

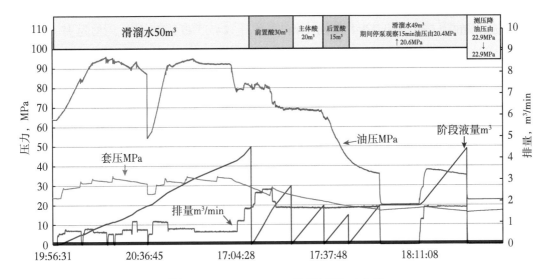

图 4-33　KeS 2-1-8 井解堵施工曲线

2. KeS905 井

2017 年 10 月 22 日开井投产，8mm 工作制度，油压 84MPa，日产气 79×10^{4}m^3。截至 2018 年 1 月，因井筒堵塞导致油压从 53MPa 下降至 32MPa，日产气从 20.8×10^{4}m^3 下降至 19.8×10^{4}m^3，如图 4-34 所示。

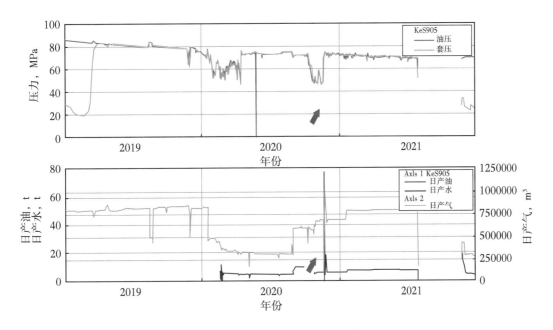

图 4-34　KeS905 井生产曲线

2020 年 11 月 20 日 KeS905 井实施井筒化学解堵作业解堵总液量 209m³（解堵液 80m³），排量 0.72~1.51m³/min，泵压 44.35~74.30MPa。因为井油管柱泄露，为保证解堵酸液不进入 A 环空内，腐蚀套管，采取了环空补压解堵工艺，整个施工过程确保套压比油压大 3~10MPa。解堵后油压由 48.1MPa 提升至 69.8MPa，日产气量 69.4×10⁴m³ 提升至 91.6×10⁴m³，无阻流量是解堵前 2.24 倍，气井产能得到了有效疏通，如图 4-35 所示。

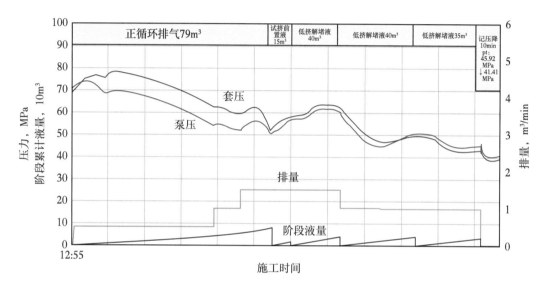

图 4-35　KeS905 井解堵施工曲线

第四节　深层气井防垢技术

深层气井化学除垢技术目前已较为成熟，但防垢仍处于探索阶段，下文综述了深层气井防垢的一些可行技术。

一、井口投掷防垢棒

目前油田防垢剂常用的加药方式有：

（1）用柱塞泵通过油井套管环形空间连续注入液体防垢剂，靠药剂的自重和浓差作用沉到井底，随油井产液返出，达到防垢效果。这种工艺只适用于油套连通性好的油井，不适用于带封隔器的油井和气举井。

（2）将液体防垢剂挤进地层，使防垢剂与岩层充分吸附，随油井产出液慢慢返出，达到防垢效果，但这种方法对近井地层的伤害无法避免，影响油井的正常开采。

因此研究固体防垢块及加药工艺，能够解决上述工艺的问题，将防垢剂成型为大孔蜂窝煤状或具有几个大孔道的梭状体，置于特制的容器内或下入尾管内，当油井作业时下入，放在油管最下部，防垢剂缓慢连续地溶于产出液中，可在较长时间内起到防垢作用。

1.防垢棒的配方

防垢棒主要由粉末状防垢剂、聚乙烯、乙烯醋酸乙烯醋共聚物和矿物油组成，其中以矿物油为分散介质，高压聚乙烯为成型骨架剂，乙烯醋酸乙烯醋共聚物为助成型剂。将除粉末防垢剂以外的复配物按比例放置到熬制炉里溶化、熬制，待其各种物质分散均匀后再加入粉末防垢剂，将其分散均匀成为胶体，浇铸到模具里，冷却后成蜂窝煤状固体即可（黄学松，2002）。国内应情况见表 4-17。

表 4-17　固体防垢剂应用范围

应用区块	耐温 ℃	有效期 d	阻垢率 %	最佳温度 ℃	最佳配方
长庆油田白豹区块白209井（陈香，2016）	—	310	—	—	—
东辛油田（郭红，2015）	—	—	＞85	80	乙二胺、甲醛、三氯化磷为原料，按照不同配比合成垢剂 FFA、FFB、FFC 和 FFD
大庆油田（李金玲，2003）	55	150	＞74.9	—	—
实验（张贵才，2004）	70~90	—	＞95	—	DFDA7042 胶结剂＋塑料改性剂 YHSL
轮南油田（黄雪松，2002）	80~140	—	63~78	—	羟乙基化磷酸的多元醚、马来酸酐—乙酸乙烯酯共聚物＋有机磷酸
吐哈鄯善油田（程鑫桥，2010）	—	192	＞97	—	固体防垢剂 SQJ-1

2.防垢棒的生产工艺

（1）生产设备。防垢棒中试生产的主要设备是熬制炉，熬制炉采用恒温油浴，底部电炉和腰部加热，每炉可加热 10kg 原料生产防垢棒 20 条。

（2）形状。熬制成型的防垢棒为七孔蜂窝煤状，每块重约 200g，与 $2\frac{1}{2}$in、$2\frac{7}{8}$in 防垢管配合使用。防垢管的筒体长为 3m 的钢管，两端连接有内伸管和提升短节；内伸管有圆孔 36 个，让油流通过一端焊有筛板支撑防垢棒，即可达到防垢目的。

3. 防垢棒的现场安装

将固体防垢剂置于专用防垢管中，油井作业时与尾管连续下入井底，根据加药周期和加药量定制防垢管，固体防垢剂投放位置如图 4-36 所示。

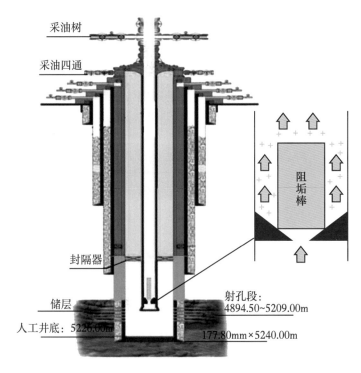

图 4-36　井下防垢棒安装位置示意图

二、地层挤注吸附性阻垢剂

根据目标井的实际情况进行该井相应的防垢工艺设计，将保证防垢剂地层预置技术获得良好的施工效果。该设计必须充分考虑目标井地质参数及生产数据，以防垢效果好、寿命长为目的进行防垢工艺的设计。

地层预置用防垢剂的选用条件为：（1）配伍性好，与目标区块的地层岩石、地层水及其他所用化学药剂相配伍，同时对地层没有伤害；（2）能在高温等苛刻条件下保持高的防垢率；（3）最低有效防垢质量浓度（MIC）低；（4）在低质量浓度下易于准确检测；（5）在地层中有较强的吸附能力和合适的解吸速率，让防垢剂尽量多地留在地层内,以便缓慢释放达到长期防垢的目的。

防垢剂地层预置工艺设计包括防垢剂地层预置施工设计和地层预置防垢配方设计(李明,2011)。

1. 地层预置防垢配方研究设计

各段塞配方设计:

(1)前置液配方:各种化学剂加量及比例计算,综合考虑各种化学剂对地层及对防垢剂吸附性能的影响;

(2)防垢液配方:地层条件下,根据防垢剂有效浓度设计加量;

(3)后置液配方:各种化学剂加量及比例设计。

2. 预置参数设计

预置参数的设计主要是计算前置液、防垢液及后置液各段塞体积。防垢剂施工浓度和挤注深度一般根据室内防垢剂实验评价结果,结合目标井的产液量、油层渗透率、结垢程度等因素进行确定。其中,根据目标井地层的厚度、孔隙度及挤注处理半径等进行各段塞注入液的体积。

3. 防垢剂地层预置工艺流程

(1)在进行防垢剂地层预置工艺之前要进行常规酸洗,来清除近井地带以及井筒内存在的垢,酸洗之后,要对酸液进行及时的返排,防止造成地层的伤害及影响防垢效率;

(2)注入前置液:配有多种处理剂的盐水以防止黏土膨胀分散引起的地层损害;

(3)注入防垢剂液:防垢剂配制的盐水,防垢剂将吸附在岩石表面上;

(4)注入后置液:地层水或特制盐水,将防垢液挤入地层一定深度,提高吸附量;

(5)关井:16~24h,增加防垢剂的吸附;

(6)恢复生产后监测:恢复生产后,未被吸附的防垢剂很快随产液返排出来,吸附在岩石上的防垢剂将慢慢释放。定期检测产出液中防垢剂的质量浓度,使其不低于防垢剂最低有效浓度。

4. 防垢效果监测方案

(1)监测防垢剂返排质量浓度:开井恢复生产后,定期取样监测产出液中防垢剂的质量浓度,对比防垢剂的最低有效质量浓度(MIC)以确定防垢剂的使用寿命。其取样规律为:恢复生产后第一天每6h取样一次;恢复生产第一周之内，每天取样 2 次；一周之后，取样频率为 10~15 天一次。

（2）监测产液量变化：定时监测生产井产液量的变化，判断油井是否出现结垢。

（3）提井后检查泵及管柱：定期提井检查泵及管柱等井下工具是否有结垢。

三、防垢支撑剂

中国大部分的陆上油田已进入开发中后期，采出液含水率增加。采出水中含有众多的易结垢离子，当离子浓度过饱和时，会形成结垢，最终会造成储层内部结垢堵塞孔隙，导致油气产量降低，甚至会造成井内管路结垢油泵卡死、井管与抽油杆之间环空被卡死、集输油管道结垢造成堵塞等问题，严重影响油田开发生产。油田阻垢方法常采用化学方法，然而现有技术中的阻垢剂效果比较单一，一般一种阻垢剂只能对水中的一种垢起到作用，对成分复杂的垢阻垢效果一般。另外，阻垢剂单独加入井内，很难到达目的位置，即使是一部分达到了目的位置也很快会被采出液带走。

为解决这一问题，选用适用于多种结垢离子的复合防垢剂，然后对复合防垢剂进行缓释处理，以达到长期有效的目的，并且将复合防垢剂修饰于支撑剂颗粒表面，在压裂过程中随支撑剂进入地层，可有效到达目的位置，开采过程缓慢释放，防垢剂随采出液被采出，有效解决了全流程的结垢问题。

缓释防垢支撑剂包括复合防垢缓释剂和支撑剂，复合防垢缓释剂包覆于支撑剂表面，复合防垢缓释剂为多种防垢缓释剂的复配，防垢缓释剂为利用多孔材料原位聚合制得。多孔材料的粒径不大于 45μm，多孔材料为沸石、碳纳米管、活性炭、膨润土、多孔陶瓷中的一种或多种。复合防垢缓释剂包括钡锶离子防垢缓释剂和钙离子防垢缓释剂（任龙强，2022）。

缓释防垢支撑剂的制备方法及步骤如下：

（1）防垢缓释剂的制备：防垢剂原位聚合于多孔材料粉体表面，形成防垢缓释剂。

（2）复合防垢缓释剂的制备：多种防垢缓释剂复配制得复合防垢缓释剂。

（3）缓释防垢支撑剂的制备：将步骤 2 制得的复合防垢缓释剂包覆于支撑剂表面，即可制得产物缓释防垢支撑剂。

步骤 1 防垢缓释剂的制备包括钡锶离子防垢缓释剂的制备和钙离子防垢缓释剂的制备；钡锶离子防垢缓释剂的制备具体包括以下步骤：

将质丙烯酸、丙烯酸甲酯、40% 顺丁烯二酸酐搅拌均匀，将其与多孔材料超声波混合，然后将混合物倒入反应容器中，加热至 60~80℃，然后边搅拌边缓慢加入引发剂，反应一定时间后，调节 pH 值到 7，即可得到钡锶离子防垢缓释剂。其中引发剂为过硫酸铵、过硫酸钾中的一种或两种；各原料的配比为：质丙烯酸 0.5~5 份、丙烯酸甲酯 0.1~3 份、40% 顺丁烯二酸酐 0.5~5 份、多孔材料 10~30 份、引发剂 0.5~3 份。钙离子防垢缓释剂的制备具体包括以下步骤：聚天冬氨酸 5~15 份与 10~30 份多孔材料超声混合，混合均匀即得到钙离子防垢缓释剂。

缓释防垢支撑剂的制备具体包括以下步骤：将 1500~2500 份骨料加热至 200~250℃，放入搅拌机中，降温至 150~220℃ 时加入 0.1~5 份硅烷偶联剂，然后加入 5~30 份树脂，搅拌均匀后加入 1~15 份钡锶离子防垢缓释剂，紧接着加入 4~20 份钙离子防垢缓释剂，搅拌后再加入固化剂，搅拌至颗粒分散后经筛分即可得到成品。其中树脂包括环氧树脂、酚醛树脂中的一种或几种；固化剂为改性氨类固化剂。

该缓释防垢支撑剂至少具有以下几个优点：

（1）防垢剂复配，适应性强，可同时有效防止钙离子、钡离子、锶离子结垢；

（2）利用多孔材料原位聚合可起到有效的缓释作用，增加有效期，以达到长期有效的目的；

（3）防垢剂缓释剂包覆于支撑剂表面，不需要单独泵注缓蚀剂即可随支撑剂到达目的位置，防垢缓释剂包覆于支撑剂表面，进一步起到缓释的效果，二者的协同作用，可使有效期进一步增加。复合防垢剂修饰于支撑剂颗粒表面，在压裂过程中随支撑剂进入地层，可有效到达目的位置，开采过程缓慢释放，防垢剂随采出液被采出，有效解决了全流程的结垢问题。

[缓释防垢支撑剂制备实例 1]

（1）将质丙烯酸 2g、丙烯酸甲酯 1g、40% 顺丁烯二酸酐 2g 搅拌均匀，将其与 20g 多孔材料超声波混合 10min，将混合物倒入烧瓶中，水浴加热至 60~80℃，然后边搅拌边缓慢加入 10% 的过氧化物引发剂 1.5g，保持 1~3h，加入 40% 的氢氧化钠溶液调节 pH 值到 7，形成钡锶离子防垢缓释剂；

（2）聚天冬氨酸 10g 与 20g 多孔材料超声混合 10min 混合均匀，形成钙离子防垢缓释剂；

（3）将 2000g 骨料加热至 200~250℃，放入搅拌机中，降温至 150~220℃

时加入硅烷偶联剂 3g，然后加入环氧树脂 20g，搅拌均匀后加入钡锶离子防垢缓释剂 10g，紧接着加入钙离子防垢缓释剂 10g，搅拌 10s，再加入改性氨类固化剂，搅拌至颗粒分散后经筛分得到成品。其中多孔材料的粒径不大于 45μm，多孔材料为沸石、碳纳米管。

[缓释防垢支撑剂制备实例 2]

（1）将质丙烯酸 0.5g、丙烯酸甲酯 0.1g、40% 顺丁烯二酸酐 0.5g 搅拌均匀，将其与 10g 多孔材料超声波混合 10min，将混合物倒入烧瓶中，水浴加热至60~80℃，然后边搅拌边缓慢加入 10% 的引发剂 0.5g，保持 1~3h，加入 40% 的氢氧化钠溶液调节 pH 值到 7，形成钡锶离子防垢缓释剂；

（2）聚天冬氨酸 5g 与 10g 多孔材料超声混合 10min 混合均匀，形成钙离子防垢缓释剂；

（3）1500g 骨料加热至 200~250℃，放入搅拌机中，降温至 150~220℃ 时加入硅烷偶联剂 0.1g，然后加入酚醛树脂 5g，搅拌均匀后加入钡锶离子防垢缓释剂 1g，紧接着加入钙离子防垢缓释剂 4g，搅拌 10s，再加入改性氨类固化剂，搅拌至颗粒分散后经筛分得到成品。微孔材料粉体为活性炭、膨润土，粉体粒径不大于 45μm。

[缓释防垢支撑剂制备实例 3]

（1）将质丙烯酸 5g、丙烯酸甲酯 3g、40% 顺丁烯二酸酐 5g 搅拌均匀，将其与 30g 多孔材料超声波混合 10min，将混合物倒入烧瓶中，水浴加热至60~80℃，然后边搅拌边缓慢加入 10% 的引发剂 3g，保持 1~3h，加入 40% 的氢氧化钠溶液调节 pH 值到 7，形成钡锶离子防垢缓释剂；

（2）聚天冬氨酸 15g 与 30g 多孔材料超声混合 10min 混合均匀，形成钙离子防垢缓释剂；

（3）将 2500g 骨料加热至 200~250℃，放入搅拌机中，降温至 150~220℃ 时加入硅烷偶联剂 5g，然后加入树脂（环氧和酚醛树脂的混合）30g，搅拌均匀后加入钡锶离子防垢缓释剂 15g，紧接着加入钙离子防垢缓释剂 20g，搅拌 10s，再加入改性氨类固化剂，搅拌至颗粒分散后经筛分得到成品。微孔材料粉体为：沸石、活性炭、陶瓷多孔材料，粉体粒径不大于 45μm。

实例应用效果对比

为了验证缓释防垢支撑剂的优良性能，参照 SY/T 5673—2020《油田用防垢剂通用技术条件》对实例 1 至实例 3 所制得的缓释防垢支撑剂进行检测。测试方法：将 100g 支撑剂置于下端用筛网封闭的玻璃管内，按照标准要求配置溶液，并以 10ml/min 的速度通入玻璃管内（玻璃管应用伴热带加热，保持标准要求的温度），从下端接取溶液进行测试，计算出防垢率。当防垢率小于 1% 时及判定为失效，最终时间为有效期。对比 3 个实例的缓释防垢支撑剂的性能检测数据，具体检测数据如表 4-18 中所示。

表 4-18　缓释防垢支撑剂的性能检测

编号	防垢率，%				有效期 mon
	硫酸钡	硫酸锶	碳酸钙	硫酸钙	
实例 1	88	92	89	95	18
实例 2	93	87	90	91	20
实例 3	93	90	89	94	21

可以看出，该缓释防垢支撑剂适应性强，可同时有效防止钙离子、钡离子、锶离子结垢，防垢效果较佳。而且，该防垢剂有效期长，具有长期有效的效果。

第五章　深层高压凝析气井清防蜡技术

凝析气井蜡沉积对高温高压深层凝析气藏开采具有重要的影响，在开采过程中，井筒中石蜡沉积会堵塞井筒，降低产量；地面管线出现石蜡沉积会引起局部憋压。因此，对于含蜡凝析气藏，开展凝析气井石蜡沉积研究具有重要的指导意义。

高含蜡凝析气是近年国内外在深部地层发现的一种新的天然流体类型，如欧洲北海、美洲墨西哥湾、日本、澳大利亚等地区以及国内的西部和东部等地新发现的凝析气田的流体。这主要是由于地层温度和压力很高，导致地层流体包含大量通常不易溶解的固相重质烃类组分。近几年，我国在西部和东部地区，尤其在塔里木盆地，已发现储集层埋藏深、地层温度高、原始地层压力高、凝析油含量高、特别是油中含蜡量高的大型凝析气藏。与常规凝析气藏流体相比，高含蜡凝析气由于存在固溶物，相态特征十分复杂，开采时可能出现未曾意料的复杂的气—液—固相变。研究发现，用衰竭方式开采凝析气藏时，随压力下降，在地层温度下会产生石蜡沉淀，造成储层伤害。在国内，目前系统深入细致研究高温、高压条件下高含蜡凝析气藏流体的相态特征较少。

第一节　深层高压凝析气井结蜡机理

一、高压凝析气井析蜡条件定性实验

1. 实验原理

通过体式偏光显微镜观察可视化高压反应釜上方的中心孔，利用计算机采集系统对时间、温度、压力以及视频图像进行实时采集，做到精确判断流体中蜡晶的析蜡温度，可以观测含蜡气或含蜡油的析蜡点。在一定压力条件下，以恒定的降温速度降温，当计算机采集系统的画面中出现第一颗蜡晶时，计算机采集系统所采集温度即为当前压力下析蜡点。

2. 实验仪器

蜡晶高压可视化相变微观观测装置如图 5-1 所示，主要包括体式偏光显微镜、计算机采集系统、可视化高压反应釜、高低温循环冷浴装置、高压驱替泵、中间容器、电热式恒温箱与温度传感器。测试温度范围 -30~300℃，测试压力范围常压至 100MPa。

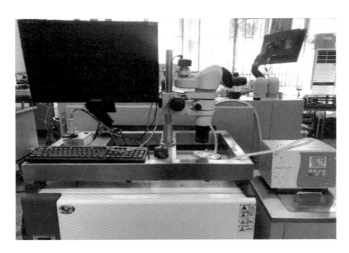

图 5-1　蜡晶高压可视化相变微观观测法

3. 实验步骤

实验采用蜡晶高压可视化相变微观观测装置，对实验样品在一定压力条件下进行析蜡点测试。具体实验步骤如下：

（1）加温加压。在中间容器里装有实验样品，将其放入电热式恒温箱中加热至地层温度，并加压至实验所需压力；

（2）连接仪器部件。清洗高压反应釜并安装，并启动高低温循环装置开始升温至 80℃ 以上，以保证样品蜡晶不析出；

（3）调整视野。对偏光显微镜图像采集摄像头进行白平衡与色彩对比度的调整，调节粗准焦螺旋以找到成像面，再节细准焦螺旋使图像清晰，拨动偏光片调整视野颜色，以得到最佳观察画面；

（4）注入流体。打开样品端阀门排空后，关闭阀门并恒压，开始降温，降温速度 1℃/min。

（5）记录数据。使用计算机采集系统实时记录高压反应釜中画面与温度，待显示屏中出现第一个亮点时，该温度点即为在该压力下的析蜡点，实验过程可在实验结束反复观看准确找到析蜡点，避免了人为误差所带来的不准确性。

二、高压凝析气井析蜡量定量实验

1. 实验原理

通过配置待测实验流体，测量实验流体的质量与固相质量百分数，从转样筒向反应釜保压转样，转样后反应釜开始降温，降至实验温度后，放出一定量的上清液，测量该温度下上清液的质量与固相质量百分数，通过计算即可得到该温度下的固相析出量；重复步骤之后可得到该压力下，固相析出量与温度的关系曲线，通过改变压力可得到不同压力下，固相析出量与温度的关系曲线。

2. 实验仪器

整个装置以高低温交变试验箱与带搅拌的变体积高压反应釜为核心，包括：反应釜系统、搅拌系统、转样系统与测量系统。实验仪器如图 5-2 所示。

图 5-2　高温高压流体固相析出量动态测定装置示意图

3. 实验步骤

实验采用高温高压流体固相析出量动态测定装置，对实验样品在一定压力条件下进行析蜡量测试。具体实验步骤如下。

（1）准备待测实验样品，测量实验样品的初始固相含量浓度 C_s 与所用实验样品的质量 m_t；

（2）将待测实验样品加入转样筒中，利用高压驱替泵将样品加压到实验测试压力 p_i，再恒压，同时启动恒温箱与高低温交变试验箱，将转样筒与反应釜温度升到大于固相析出温度 T，再恒温；

（3）将反应釜系统与转样系统相连，并将整个装置抽真空；启动搅拌系统，打开进液截止阀，利用高压驱替泵将活塞推至反应釜的顶端使反应釜中压力等于 p_i，利用双泵法将转样筒中的实验样品完全转到反应釜后，并恒压；

（4）回压控制器加载回压，使回压 p_h 略低于反应釜中的压力 p_i；

（5）将反应釜的温度降低到 T_i 并恒温，使样品中的固相充分析出；

（6）关闭搅拌系统，等待 2 小时使固相沉降后，打开出液截止阀，放出少量的上清液到集液瓶，测得放出上清液的质量 m_{oil} 与固相质量百分数 C_{olsi}。

（7）打开清管阀，对管线进行清管作业；

（8）重复（5）~（7），直到温度 T_i 到固相析出的最低温度；

（9）绘制在该压力 p_i 条件下，固相析出量随温度 T_i 的变化曲线；

（10）改变实验测试压力，重复（2）~（8），得到不同压力 p 下，固相析出量随温度 T_i 的变化曲线。

三、高压凝析气析蜡理论

1. 凝析气析蜡理论

1）体系热力学条件假设

油气体系中石蜡的析出其实质是油气体系内部各个相态之间的相互转化所发生的复杂物理化学过程，在此过程中，不仅受控因素多样，而且相互关系也很复杂，有些因素在某些情况下是很微弱的。因此就必须进行适当的物理简化。体系的热力学条件假设如下：

（1）体系处于静态，同时不考虑动力学；

（2）体系中只考虑温度、压力所引起的相态变化，同时只考虑物理变化，不考虑化学反应；

（3）达到热力学平衡条件时体系各处是瞬间完成的，不存在温度差与压力差；

（4）忽略重力的影响。

2）状态方程

现有的状态方程包括 RK 状态方程、SKR 状态方程、PR 状态方程等，由于 PR 状态方程对临界区物性的预测更加准确，故选用 PR 状态方程作为状态方程。

其式为：

$$p = \frac{RT}{V - b_{\mathrm{m}}} - \frac{a_{\mathrm{m}}}{V(V + b_{\mathrm{m}}) + b(V - b_{\mathrm{m}})} \tag{5-1}$$

式中　p——体系压力，MPa；

　　　T——体系温度，K；

　　　R——理想气体常数；

　　　V——气相或液相体积，m^3；

　　　a_{m}、b_{m}——参数。

3）混合规则

对于混合物，为了简化计算状态方程中 a_{m}，b_{m} 参数可通过经典的范德华混合规则求得，其表征混合物分子间的引力和斥力状态方程参数，同时引入二元交互作用系数 k_{ij} 来描述混合物分子间的相互作用：

$$\begin{cases} a_{\mathrm{m}} = \sum_i \sum_j x_i x_j \sqrt{a_i a_j} \left(1 - k_{ij}\right)^2 \\ b_{\mathrm{m}} = \sum_i x_i b_i \end{cases} \tag{5-2}$$

式中　a_{m}，b_{m}——混合物的引力项参数和斥力项参数；

　　　k_{ij}——二元交互作用系数。

a_i 由式（5-3）计算得到：

$$a_i = 0.45724 \frac{(RT_{\mathrm{c}})^2}{p_{\mathrm{c}}} \alpha(T) \tag{5-3}$$

式中　T_{c}——临界温度，K；

　　　p_{c}——临界压力，MPa；

　　　T_{r}——对比温度，K；

　　　$\alpha(T)$——纯物质的温度关联式。

T_c 由式（5-4）和式（5-5）计算得到：

$$T_c = T_b \begin{pmatrix} 0.533272 + 0.191017 \times 10^{-3} T_b + 0.779681 \times 10^{-7} T_b^2 \\ -0.284376 \times 10^{-10} T_b^3 + \dfrac{0.959486 \times 10^{28}}{T_b^{13}} \end{pmatrix}^{-1} \qquad (5\text{-}4)$$

$$T_b = \exp\left[\begin{array}{c} 5.7149 + 2.71579 \ln M - 0.286590 \ln(M)^2 \\ -\dfrac{39.8544}{\ln M} - \dfrac{0.122488}{\ln(M)^2} \end{array} \right] \qquad (5\text{-}5)$$
$$-24.7522 \ln M + 35.3155 \ln(M)^2$$

式（5-5）中 M 为相对分子量。

p_c 由式（5-6）和式（5-7）计算得到：

$$p_c = \left(3.83354 + 1.19629\psi^{95} + 34.8888\psi + 36.1952\psi^2 + 104.193\psi^4\right)^2 \quad (5\text{-}6)$$

$$\psi = 1 - \frac{T_b}{T_c} \qquad (5\text{-}7)$$

$\alpha(T)$ 由式（5-8）和式（5-9）计算得到：

$$\alpha(T) = \left[1 + k\left(1 - T_c^{0.5}\right)\right]^2 \qquad (5\text{-}8)$$

$$k = 0.48 + 1.574\omega_i - 0.176\omega_i^2 \qquad (5\text{-}9)$$

式（5-9）中 ω 为偏心因子，由式（5-10）计算得到：

$$\omega = \frac{3}{7}\left(\frac{\lg P_c}{T_c / T_b - 1}\right) - 1 \qquad (5\text{-}10)$$

k_{ij} 的值可以通过 Pan 所提出的方法计算获得。其中 C_1 的二元交互系数由式（5-11）计算得到：

$$k_{C_{1j}} = 0.0289 + 1.633 \times 10^{-4} M_j \qquad (5\text{-}11)$$

其中 M_j 为碳数为 j 时的相对分子质量。

各组分之间的二元交互系数由式（5-12）计算得到：

$$k_{ij} = 6.872 \times 10^{-2} + 3.6 \times 10^{-6} M_i^2 - 8.1 \times 10^{-4} M_i - 1.04 \times 10^{-4} M_j \quad (5\text{-}12)$$

b_i 由式（5-13）计算地得到：

$$b_i = 0.07780 \frac{RT_c}{p_c} \quad (5\text{-}13)$$

4）气—液—固三相热力学平衡方程

对热力学模型做如下处理：

（1）将气—液—固三相转化为气—液两相与液—固两相；

（2）针对气—液两相采用状态方程进行描述；

（3）针对液—固两相采，液相采用状态方程进行描述，固相采用溶液理论进行描述，再将最终的平衡关系联结起来。

当体系达到相平衡时，体系中各相的温度、压力与逸度需相等，故当气—液—固三相处于相平衡则满足下式：

$$f_i^V = f_i^L = f_i^S \quad (i = 1, 2, 3 \cdots N) \quad (5\text{-}14)$$

式中　f_i^V、f_i^L 和 f_i^S——组分 i 的在气相、液相和固相中的逸度。

利用状态方程描述气相与液相的逸度，溶液理论描述固相中的逸度可表示为

$$f_i^V = x_i^V \varphi_i^V p \quad (5\text{-}15)$$

$$f_i^L = x_i^L \varphi_i^L p \quad (5\text{-}16)$$

$$f_i^S = x_i^S \gamma_i^S f_i^{OS} \quad (5\text{-}17)$$

式中　x_i^L 和 x_i^S——组分 i 在液相和固相中的摩尔含量；

　　　φ_i^V——组分 i 在气相中的逸度系数；

　　　φ_i^L——组分 i 在液相中的逸度系数；

　　　γ_i^S——组分 i 在固相中的活度系数；

　　　f_i^{OS}——组分 i 在某一温度、压力条件下固相中的标准逸度。

联列式（5-15）与式（5-16）可得到，组分 i 的气液平衡常数 K_L^V 为：

$$K_L^V = \frac{x_i^V}{x_i^L} = \frac{\varphi_i^L}{\varphi_i^V} \quad (5\text{-}18)$$

联列式（5-16）与式（5-17）可得到，组分 i 的液固平衡常数 $K_{\mathrm{L}}^{\mathrm{S}}$ 为：

$$K_{\mathrm{L}}^{\mathrm{S}} = \frac{x_i^{\mathrm{S}}}{x_i^{\mathrm{L}}} = \frac{\varphi_i^{\mathrm{L}} p}{\gamma_i^{\mathrm{S}} f_i^{\mathrm{OS}}} \tag{5-19}$$

5）气液相与固相逸度的计算

（1）气液相逸度的计算。

在 PR 状态方程中组分 i 在混合物的逸度为

$$
\begin{aligned}
\ln\left(\frac{f_i}{x_i p}\right) = \ln \varphi_i = {} & \frac{b_i}{b_{\mathrm{m}}}\left(Z_{\mathrm{m}}-1\right) - \ln\left[Z_{\mathrm{m}}\left(1-B_{\mathrm{m}}\right)\right] - \\
& \frac{A_{\mathrm{m}}}{2\sqrt{2}B_{\mathrm{m}}}\left[\frac{2\psi_j}{a_{\mathrm{m}}} - \frac{b_i}{b_{\mathrm{m}}}\right] \times \ln\left[\frac{Z_{\mathrm{m}}+\left(\sqrt{2}+1\right)b_{\mathrm{m}}}{Z_{\mathrm{m}}-\left(\sqrt{2}-1\right)b_{\mathrm{m}}}\right]
\end{aligned}
\tag{5-20}
$$

式中　f_i——流体逸度；

　　　Z_{m}——偏差因子；

　　　φ_i——逸度系数。

A_{m}、B_{m} 与 ψ_j 可由式（5-21）至式（5-23）计算得到：

$$A_{\mathrm{m}} = \frac{a_{\mathrm{m}} p}{\left(RT\right)^2} \tag{5-21}$$

$$B_{\mathrm{m}} = \frac{b_{\mathrm{m}} p}{RT} \tag{5-22}$$

$$\psi_j = \sum x_j a_{ij}\left(1-k_{ij}\right) \tag{5-23}$$

偏差因子 Z_{m} 由式（5-24）计算得到：

$$Z_{\mathrm{m}}^3 - \left(1-B_{\mathrm{m}}\right)Z_{\mathrm{m}}^2 + \left(A_{\mathrm{m}}-2B_{\mathrm{m}}-3B_{\mathrm{m}}^2\right)Z_{\mathrm{m}} - \left(A_{\mathrm{m}}B_{\mathrm{m}}-B_{\mathrm{m}}^2-B_{\mathrm{m}}^3\right) = 0 \tag{5-24}$$

（2）固相逸度计算。

由热力学理论可知，组分 i 在某一温度、压力条件下液相和固相中的标准逸度比与固相变成液相的吉布斯自由能有关：

$$\Delta G_i^{\mathrm{f}} = RT \ln\left(\frac{f_i^{\mathrm{OS}}}{f_i^{\mathrm{OL}}}\right) \tag{5-25}$$

式中　ΔG_i^f——体系温度下纯组分 i 从固态转变为液态时的摩尔吉布斯自由能变化量；

f_i^{OL}——组分 i 在某一温度、压力条件下固相中的标准逸度；

f_i^{OS}——组分 i 在某一温度、压力条件下固相中的标准逸度。

有下列一般热力学关系：

$$\Delta G_i = \Delta H_i - T\Delta S_i \qquad (5\text{-}26)$$

由式（5-26）带入式（5-25）中，体系温度下纯组分 i 从固态转变为液态时的吉布斯自由能变化量可表示为：

$$\Delta G_i^f = \Delta H_i^f - T\Delta S_i^f \qquad (5\text{-}27)$$

其中

ΔH_i^f 与 ΔS_i^f 为 i 组分在正常熔点处的溶解焓和溶解熵，组分 i 焓和熵的形式表示如下：

$$\Delta H_i = -\Delta H_i^f + \int_T^{T^f} \left(C_p^L - C_p^S \right) \mathrm{d}T \qquad (5\text{-}28)$$

$$\Delta S_i = \frac{-\Delta H_i^f}{T_i^f} + \int_T^{T^f} \frac{C_p^L - C_p^S}{T} \mathrm{d}T \qquad (5\text{-}29)$$

式中　T_i^f——溶解温度，K；

$C_p^L - C_p^S$——组分 i 在液相与固相中热容差。

联列式（5-25）至式（5-29）得到组分 i 在某一温度、压力条件下液固相中的标准逸度比为：

$$\ln\left(\frac{f_i^{OS}}{f_i^{OL}}\right) = \left[\frac{\Delta H_i^f}{RT}\left(1 - \frac{T}{T_i^f}\right) - \frac{1}{RT}\int_T^{T_i^f} \left(C_p^L - C_p^S\right)\mathrm{d}T + \frac{1}{R}\int_T^{T^f} \frac{C_p^L - C_p^S}{T}\mathrm{d}T \right] \qquad (5\text{-}30)$$

根据实验可知，组分 i 在液相与固相中热容差与温度和分子量的关系如下：

$$C_p^L - C_p^S = a_1 M_i + a_2 M_i T \qquad (5\text{-}31)$$

式中　M_i——组分 i 的分子量；

a_1，a_2——参数，$a_1=0.3033\text{cal/}(\text{g}\cdot\text{K})$，$a_2=-4.635\times10^{-4}\text{cal/}(\text{g}\cdot\text{K})$。

将式（5-31）带入式（5-30）中得：

$$\ln\left(\frac{f_i^{\text{OS}}}{f_i^{\text{OL}}}\right)=\left\{-\frac{\Delta H_i^{\text{f}}}{RT}\left(1-\frac{T}{T_i}\right)+\frac{a_1 M_i}{R}\left(\frac{T_i}{T}-1-\ln\frac{T_i^{\text{f}}}{T}\right)+\frac{a_2 M_i}{2R}\left[\frac{\left(T_i^{\text{f}}\right)^2}{T}+T-2T_i^{\text{f}}\right]\right\}$$

（5-32）

将上式左右同时取对数，组分 i 在固相标准逸度为：

$$f_i^{\text{OS}}=f_i^{\text{OL}}\exp\left\{-\frac{\Delta H_i^{\text{f}}}{RT}\left(1-\frac{T}{T_i}\right)+\frac{a_1 M_i}{R}\left(\frac{T_i}{T}-1-\ln\frac{T_i^{\text{f}}}{T}\right)+\frac{a_2 M_i}{2R}\left[\frac{\left(T_i^{\text{f}}\right)^2}{T}+T-2T_i^{\text{f}}\right]\right\}$$

（5-33）

f_i^{OL} 可由状态方程计算得到。

对于正构体而言，ΔH_i^{f} 与 T_i^{f} 由下式计算得到

$$T_i^{\text{f}}=\begin{cases}374.5+0.02617M_i-\dfrac{20172}{M_i} & M_i\leqslant 450\text{g/mol}\\[3mm]411.4-\dfrac{32326}{M_i} & M_i>450\text{g/mol}\end{cases}$$

（5-34）

$$\Delta H_i^{\text{f}}=\begin{cases}0.5970M_iT_i^{\text{f}} & 7<C_n\leqslant 21\\0.4998M_iT_i^{\text{f}} & 22\leqslant C_n<38\\0.6741M_iT_i^{\text{f}} & C_n\geqslant 38\end{cases}$$

（5-35）

式中　C_n——碳数。

6）固相活度系数的计算

根据 Won 模型，组分 i 的固相活度系数由下式计算得到：

$$\ln\gamma_i^{\text{S}}=\frac{V_i^{\text{S}}\left(\delta_m^{\text{S}}-\delta_i^{\text{S}}\right)^2}{RT}$$

（5-36）

式中　V_i^{S}——组分 i 在固相中的摩尔体积；

　　　δ_m^{S}——固体混合物的溶解度参数；

　　　δ_i^{S}——组分 i 的溶解度参数。

利用体积加权的方法对 δ_m^{S} 进行计算：

$$\delta_m^{\text{S}}=\sum\frac{x_i^{\text{S}}V_i^{\text{S}}}{\sum x_i^{\text{S}}V_i^{\text{S}}}\delta_i^{\text{S}}$$

（5-37）

组分 i 的溶解度参数 δ_i^S 由 Pederen 提出的公式计算：

$$\delta_i^S = 8.50 + 0.9581(C_n - 7) \qquad (5\text{-}38)$$

组分 i 在固相中的摩尔体积由下式计算：

$$V_i^S = M_i / \left(0.8155 + 0.6272 \times 10^{-4} - 13.06/M_i\right) \qquad (5\text{-}39)$$

固相被简化为理想固体，故令 $\gamma_i^S = 1$。

2. 凝析气析蜡相图

目前业内已经观察到的蜡堵形式有：（1）凝析油、石蜡在地层中析出，降低储层孔隙度和渗透率；（2）管线中石蜡沉积，堵塞管柱；（3）石蜡、水合物和地层砂混合物堵塞管柱。凝析气井石蜡析出的根本原因是油田在油气开采过程中，流体存在的环境发生了变化，改变了流体原来的热力学平衡条件，导致"气—固"或"气—液—固"相态转换。针对博孜 104 井井流物进行相态与结蜡规律的实验研究，获取博孜 104 井井流物的相态包络线相图，为该井防蜡工艺提供细致的理论指导。

利用法国 ST 公司造 PVT240/1500FV 型可视化多功能高温高压流体 PVT 测试仪进行凝析气相态实验研究。可测试观察凝析气露点压力，同时也可以进行闪蒸试验、恒质膨胀实验等。其主要构成包括监测系统、可搅拌—压缩式耐压釜体、可视化窗口、温控系统等。可视化 PVT 设备工作压力为 0~150MPa、温度范围为 20~200℃，PVT 釜蓝宝石视窗可直接目视直径 60mm。

（1）单次闪蒸实验。

通过地层凝析气单次闪蒸实验，凝析气在地层温度 123.7℃ 时露点压力为 42.78MPa，气油比 20508m³/m³，地面凝析油密度为 0.7956g/cm³。对脱气原油和气样进行色谱分析，计算得到凝析气藏原始地层流体样品的组分组成，见表 5-1。

（2）露点线实验。

露点线实验又称相态包络线测试，它是气相区和两相区的分界线，该线代表气相摩尔组分为 100%，当压力升高到露点压力时，体系会出现第一批液滴。凝析气藏露点线的测定是为模拟凝析气藏在降温、降压开采过程中凝析气何时产生液滴。如图 5-3 所示，一定温度范围内，温度升高，轻烃分子运动加剧，轻烃溶剂对重烃分子溶解度增加，凝析气露点压力随温度升高而降低，气藏温度 123.7℃ 时露点压力为 42.78MPa。

表 5-1 实验用凝析气井流体样品组成

组分	摩尔分数 %	组分	摩尔分数 %	组分	摩尔分数 %	组分	摩尔分数 %
CO_2	0.228	C_6	0.299	C_{15}	0.032	C_{24}	0.004
N_2	1.559	C_7	0.25	C_{16}	0.02	C_{25}	0.003
C_1	85.769	C_8	0.107	C_{17}	0.016	C_{26}	0.003
C_2	5.447	C_9	0.056	C_{18}	0.014	C_{27}	0.002
C_3	3.986	C_{10}	0.048	C_{19}	0.013	C_{28}	0.002
iC_4	0.829	C_{11}	0.04	C_{20}	0.01	C_{29}	0.002
nC_4	0.205	C_{12}	0.04	C_{21}	0.008	C_{30}	0.001
iC_5	0.239	C_{13}	0.033	C_{22}	0.007	C_{31+}	0.001
nC_5	0.695	C_{14}	0.028	C_{23}	0.006	Sum	100

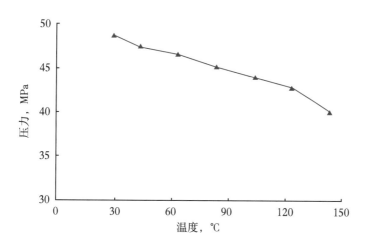

图 5-3 相态包络线（露点线）曲线

（3）凝析气析蜡相图。

凝析气在不同压力下，析蜡温度点存在一定差异，这与单一油相析蜡点只受温度影响明显存在不同。高于露点压力时，C_{20+} 重烃组分可以在气相中形成蜡沉积且析蜡温度受压力影响较小。压力降至露点压力以下，重烃在液相中溶解度增加，析蜡温度降低。如图 5-4 所示，露点压力以上凝析气平均析蜡温度29.8℃，受压力影响较小；露点压力附近，凝析气析蜡点出现明显拐点，呈现增大趋势，后随着压力降低而逐渐减小，拐点产生主要是由于露点压力附近优先析出重烃组分形成的蜡晶造成的。凝析气相态包络线在设备测试范围内没有出现临界点，但存在气相、气—液两相、气—固两相、气—液—固三相共四个相态区域。根据博孜 104 井相态包络线相图可知，地层、井筒与地面管线中是否产生凝析现象与其 p—T 关系位于相图中不同的位置有关：气相区域内均不会产生凝析物堵塞问题；气—液两相区域会产生凝析油，降低储层渗透率及气井生产与地面管线输送效率；气—液—固三相区域会同时产生凝析油和蜡堵问题，气—固两相区域会产生蜡堵问题。

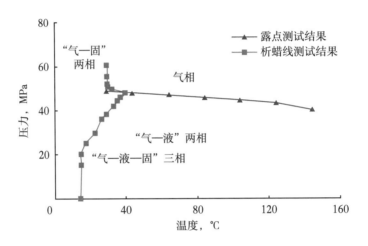

图 5-4　博孜 104 井凝析气相态包络线与析蜡曲线图

博孜区块目前平均油压 65MPa、井口温度 50℃，多数井油压高于其露点压力，但蜡堵井油压普遍偏低，存在液相析蜡，也存在气相直接析蜡的情况，如表 5-2 所示。

表 5-2　博大区块堵塞井生产情况

序号	井号	堵塞时间	堵塞时井口情况		露点压力 MPa	析蜡过程
			温度，℃	压力，MPa		
1	博孜 1JS	2014 年 10 月	20.8	75.4	45.6	气—固
2	博孜 101	2014 年 8 月	19.8	38.5	45.6	气—液—固
3	博孜 102	2015 年 7 月	18.7	50	45.6	气—固
4	博孜 7	2020 年 9 月	19.7	50.7	挥发油	液—固
5	大北 2	2017 年 2 月	3.9	12.4	干气 5.3	气—固
6	大北 101-2	2017 年 4 月	28.7	60.9	41.8	气—固
7	大北 14	2020 年 9 月	27.3	30.8	48.19	气—液—固

第二节　深层凝析气井结蜡预测方法

一、结蜡影响因素

1. 温度

石蜡从原油中分离出来的主要原因是溶解度的降低，而温度变化或体系组成的变化都可能引起溶解度的改变。一般用浊点和倾点来描述石蜡在原油中的溶解能力。温度降低，会导致石蜡在流体中的溶解度降低，从而使得石蜡析出。温度降低，可能导致液相中轻质组分的损失，重质组分增加，这会使石蜡析出的趋势更加明显，温度是直接控制石蜡析出的重要因素。井筒中温度降低的主要原因有（1）突然降压所引起的气体膨胀和焦耳—汤普森冷却效应，即节流引起的降温；（2）井筒周围温度降低，导致井筒内流体温度降低；（3）轻质组分蒸发出来带走流体热能（李仕伦，2001）。

2. 压力

当流体压力较大（大于泡点或露点压力）的时候，在原油或凝析气中的轻质组分尚未挥发掉，导致轻质组分较多石蜡析出速度下降，但当压力较小（小于泡点或露点压力）的时候，轻质组分从原油中挥发出来导致油组分变重，溶解石蜡的能力降低，石蜡析出。对于单脱油，压力越高，析蜡点越高；对溶解气的油样（含轻质组分），压力越高，析蜡点越低，主要原因是随着压力增加，溶解的轻质组分越高。压力本身对石蜡的溶解度影响很小，但会改变体系在相图上的位置，从而控制了流体的组成（Brown TS，1994）。

3. 含蜡量

石蜡固相沉积最主要的内在因素是油气体系中组成的含量，针对石蜡沉积组成的差异导致在不同体系中存在多相平衡。同时石蜡的蜡晶体系对蜡沉积也有影响，在压力相同的条件下直链烃类含量越高，其析蜡温度点越高，而其支链对石蜡结核不稳定性有促进的效果。

（1）轻质组分的影响。

原油中 C_7—C_{20} 溶解石蜡的能力要强于 C_3—C_6、而 C_1—C_2 相对较弱。也就是说，随着原油中 C_7—C_{20} 的增加，原油的溶蜡能力会增强；随着 C_3—C_6 的增加，原油的溶蜡能力也增强，但并不明显；而 C_1—C_2 的增加则可能使原油的溶蜡能力降低，用相似相容原理可以很好地解释这一点。此外，低溶解性气体还可以有效地降低石蜡的沉积。一般说来，石蜡的沉积温度随着原油中溶解气量的增加而降低。易溶解的气体比不易溶解的气体更容易使石蜡沉积温度降低。因此，随着地层原油中轻质烷烃含量的增加，石蜡沉积温度将会降低。

（2）重质组分的影响。

原油中不同程度的含有胶质、沥青质等重质组分，研究表明，随着原油中胶质含量的增加，石蜡的沉积温度降低，表面活性物质（例如胶质）可以通过吸附于蜡晶体的表面。沥青质是胶质的进一步聚合物，是分子量较高的极性化合物，它不溶于油而是以颗粒状分散于油中，可能成为石蜡结晶的核心，对石蜡的结晶起着分散作对石蜡的沉积起着抑制作用。但当原油中含有胶质、沥青质、蜡时，结晶会分散得更均匀和致密，与胶质结合更紧密，使管壁上沉积的蜡强度更高。即使原油温度高于油管内析点，石蜡处于未析出状态但由于有沥青，仍然会使黏度表现异常导致出现为结构性流体，黏度的增加不利于蜡分子的径向扩散，具有抑制石蜡沉积的作用（刘敏，2001）。

二、结蜡预测模型

1. 结蜡预测模型

1）结蜡预测模型

原油中石蜡沉积过程是一个非常复杂的问题，一方面是因为油气体系的组成十分复杂，各组分对石蜡沉积的影响有待进一步研究，另一方面石蜡沉积过程要涉及许多理论问题，如蜡的溶解结晶、流体动力学、传质动力学及传热学等。目前，对含蜡油藏流体中石蜡沉积机理尚不完全清楚，虽然对沉降规律的内因做了重要的探讨，但还未有一致的统一认识，存在多种解释理论。

研究考虑扩散沉积，界面扩散以及剪切作用，建立了井筒蜡沉积动态预测模型。

模型假设：一是石蜡沉积主要以分子扩散和剪切沉积两种机理为主；二是忽略粒子扩散、重力沉降等；三是忽略不是蜡分子浓度差引起的扩散。

（1）扩散沉积。

以井筒某一小段为沉积微元，扩散沉积过称如图 5-5 所示。

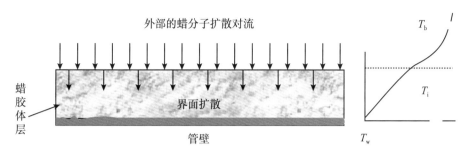

图 5-5 石蜡在井壁上的沉积过程

在生产过程中，井壁温度小于油流温度，这样在任意井深位置就会产生一个径向温度梯度。随着井深的变化，离井口越近，温度约低。当井壁温度低于析蜡点时，石蜡就会以晶体形式在井壁析出。这时，径向温度梯度就会产生一个径向蜡浓度梯度。使得油流中蜡分子浓度高于管壁处的浓度。从而使得石蜡分子从油流中心向井壁扩散，在井壁形成一层蜡—油包裹的蜡胶体层。

石蜡分子扩散过程满足质量守恒，其数学表达式如下：

在井壁沉积的蜡量 = 油流中向井壁对流扩散的蜡量 - 蜡胶体层界面处的蜡量

$$\frac{d}{dt}\left[\pi\left(R^2 - r_i^2 \right) F_w\left(t \right) \Delta L \rho_{gel} \right] = 2\pi r_i \Delta L k_M \left[C_b - C_i\left(T_i \right) \right] \qquad (5\text{-}40)$$

式中 R——没有蜡沉积时油管半径，m；

   r_i——石蜡沉积后油流半径，m；

   $F_w\left(t \right)$——蜡胶体层中蜡的固相质量分数；

   ΔL——油管轴向步长，m；

   ρ_{gel}——蜡胶体层密度，kg/m³；

   k_M——质量传递系数，m/s；

   C_b——油流中蜡的浓度，kg/m³；

   $C_i\left(T_i \right)$——界面层蜡的浓度，kg/m³；

   T_i——界面温度，℃。

在井壁处形成的蜡胶体层，由于捕获了一定量的原油，所以是疏松的，存在着大量小空隙，再加上界面层和井壁也存在温度差，所以在蜡层内部同样存在扩散，即界面扩散。蜡胶体层内部的界面扩散过程又叫石蜡的"老化"，这使得石蜡胶体层随时间的增加越来越致密，以致全部变成蜡层。界面扩散的数学表达式如下：

蜡胶体层中增加蜡量＝油流中扩散到蜡胶体层内的蜡量－界面层内部的蜡对流扩散量：

$$-2\pi r_i F_w(t)\rho_{gel}\frac{dr_i}{dt}=2\pi r_i k_M\left[C_b-C_i(T_i)\right]-2\pi r_i\left(-D_e\frac{dC_s}{dr}\bigg|_i\right) \quad （5-41）$$

式中　D_e——蜡胶体层内部蜡分子有效扩散系数，m^2/s；

$\dfrac{dC_s}{dr}$——蜡胶体层中蜡的浓度梯度，$kg/(m^3\cdot m)$。

（2）剪切沉积。

流体呈湍流形态时，悬浮于油流中的蜡晶粒子在涡流作用下迅速迁移，因此在流线的任一位置上（次层流除外）蜡晶粒子的浓度基本上是均一的。但是在流体呈层流形态或在湍流时的边界层内，则存在着速度梯度（切变速率），常称之为速度梯度场（切变速率场）。在速度梯度场中，悬浮于油流中的蜡晶粒子，若不考虑粒子间的相互作用，则除了沿流线方向运动外，在油流的剪切下，还可以一定的角速度转动，如图 5-6 所示，蜡晶粒子将逐渐地由速度高处向速度低处迁移，即逐渐向壁靠拢，当其达到壁面处时，其线速度和角速度都将迅速减小，最终停止不动，并借分子间范德华引力沉积于管壁上或并入已形成的不流动层上，这就是蜡晶粒子的剪切沉积。剪切沉积速度可由下式给出：

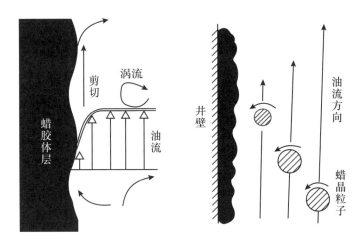

图 5-6　剪切沉积示意图

$$\frac{dl_s}{dt}=k\delta\tau^a/F_w^{2.3}\rho_{gel}A \quad （5-42）$$

式中　$\dfrac{dl_s}{dt}$——剪切的沉积量，m/s；

k——常数；

δ——沉积的厚度，m；

τ——剪切力，Pa；

F_w——蜡胶体层中蜡的固相质量分数，无量纲；

ρ_gel——蜡胶体层密度，$\mathrm{kg/m^3}$；

A——蜡层在 ΔL 长度上内表面积；

a——常数。

综上所述，总的蜡沉积动态模型为：

$$
\left\{
\begin{aligned}
&\frac{\mathrm{d}}{\mathrm{d}t}\Big[\pi\big(R^2-r_i^2\big)F_\mathrm{w}(t)\Delta L\cdot\rho_\mathrm{gel}\Big]=2\pi r_i\Delta Lk_\mathrm{M}\big[C_\mathrm{b}-C_i(T_i)\big]\\
&-2\pi r_iF_\mathrm{w}(t)\rho_\mathrm{gel}\frac{\mathrm{d}r_i}{\mathrm{d}t}=2\pi r_ik_\mathrm{M}\big[C_\mathrm{b}-C_i(T_i)\big]-2\pi r_i\left(-D_\mathrm{e}\frac{\mathrm{d}C_\mathrm{s}}{\mathrm{d}r}\bigg|_i\right)\\
&\frac{\mathrm{d}l_\mathrm{s}}{\mathrm{d}t}=k\delta\tau^a/F_\mathrm{w}^{\,2.3}\rho_\mathrm{gel}A\\
&\frac{\mathrm{d}l_\mathrm{all}}{\mathrm{d}t}=-\frac{\mathrm{d}r_i}{\mathrm{d}t}+\frac{\mathrm{d}l_\mathrm{s}}{\mathrm{d}t}
\end{aligned}
\right.
\tag{5-43}
$$

式中　$\dfrac{\mathrm{d}l_\mathrm{all}}{\mathrm{d}t}$——总的蜡沉积速度，m/s。

方程组中第一个方程对时间求导，同时令 $y=(1-r_i/R)$，消去 r_i 的平方项，得到下面方程组：

$$
\left\{
\begin{aligned}
&\frac{y}{1-y}\left(1-\frac{y}{2}\right)\frac{\mathrm{d}F_\mathrm{w}(t)}{\mathrm{d}t}+F_\mathrm{w}(t)\frac{\mathrm{d}y}{\mathrm{d}t}=\frac{k_\mathrm{M}}{\rho_\mathrm{gel}R}\big[C_\mathrm{b}-C_i(T_i)\big]\\
&F_\mathrm{w}(t)\rho_\mathrm{gel}\frac{\mathrm{d}y}{\mathrm{d}t}=\frac{k_\mathrm{M}}{R}\big(C_\mathrm{b}-C_i(T_i)\big)+\frac{D_\mathrm{e}}{R}\frac{\mathrm{d}C}{\mathrm{d}T}\frac{\mathrm{d}T}{\mathrm{d}r}\bigg|_i\\
&\frac{\mathrm{d}l_\mathrm{s}}{\mathrm{d}t}=k\delta\tau^a/F_\mathrm{w}^{\,2.3}\rho_\mathrm{gel}A\\
&\frac{\mathrm{d}l_\mathrm{all}}{\mathrm{d}t}=-\frac{\mathrm{d}r_i}{\mathrm{d}t}+\frac{\mathrm{d}l_\mathrm{s}}{\mathrm{d}t}
\end{aligned}
\right.
\tag{5-44}
$$

2）模型参数求解

（1）界面温度 T_i 及温度梯度 $\dfrac{\mathrm{d}T}{\mathrm{d}r}\bigg|_i$ 的求取。

在蜡沉积整个过程中还满足能量守恒，即：

油流与界面层对流的热量 = 从油流中传到管壁的热量 - 蜡层潜在的热量

$$2\pi r_i h\left(T_{\mathrm{b}}-T_i\right)=\frac{2\pi k_{\mathrm{e}}\left(T_{\mathrm{b}}-T_i\right)}{\ln\left(R/r_i\right)}-2\pi r_i k_{\mathrm{M}}\left[C_{\mathrm{b}}-C_i\left(T_i\right)\right]\Delta H_{\mathrm{f}} \quad（5-45）$$

式中　h——传热系数，W/m²/K；

　　　T_i——界面温度，K；

　　　k_{e}——蜡胶体层有效热传导系数，W/（m·K）；

　　　$C_i\left(T_i\right)$——界面层蜡的浓度，kg/m³；

　　　ΔH_{f}——石蜡的凝固热，J/kg。

令 $y=\left(1-r_i/R\right)$，整理可得：

$$T_i=\frac{hT_{\mathrm{b}}+\left[\dfrac{k_{\mathrm{e}}/R}{-\left(1-y\right)\ln\left(1-y\right)}\right]T_{\mathrm{w}}+k_{\mathrm{oil}}\left[C_{\mathrm{b}}-C_i\left(T_i\right)\right]\Delta H_{\mathrm{f}}}{h+\left[\dfrac{k_{\mathrm{e}}/R}{-\left(1-y\right)\ln\left(1-y\right)}\right]} \quad（5-46）$$

式中　T_{w}——管壁温度，℃；

　　　r_i——石蜡沉积后油流半径，m；

　　　R——无石蜡沉积时油管半径，m；

　　　k_{oil}——油流的热传导系数，W/（m·K）。

假定热传导在蜡胶体层径向上是稳定的，则径向温度梯度为：

$$\left.\frac{\mathrm{d}T}{\mathrm{d}r}\right|_i=\frac{\left(T_i-T_{\mathrm{w}}\right)}{R\left(1-y\right)\ln\left(1-y\right)} \quad（5-47）$$

由式上式联立迭代可求得 T_i 和 $\left.\dfrac{\mathrm{d}T}{\mathrm{d}r}\right|_i$；

（2）蜡在流体中的溶解度 $C_{\mathrm{s}}\left(T_i\right)$ 及浓度梯度 $\dfrac{\mathrm{d}C_{\mathrm{s}}}{\mathrm{d}T_i}$ 的求解。

①实验求解法。

对于蜡在原油中的溶解度的求解有两种方法，国内外目前普遍采用的是通过室内实验测试不同温度下蜡在原油中的溶解度，然后通过曲线回归拟合得到溶解度公式，蜡在油中的溶解度是温度的函数，可表示为：

$$C_{\mathrm{s}}\left(T_i\right)=a\left(T_i+b\right)^c \quad（5-48）$$

式中　$C_s(T_i)$——饱和油中蜡的浓度，kg/m^3；

　　　a，b，c——待定有量纲常数。

对温度求导得：

$$\frac{dC_s}{dT_i} = ac(T_i + b)^{c-1} \qquad (5\text{-}49)$$

联立上式迭代可求得 $C_s(T_i)$ 和 $\dfrac{dC_s}{dT_i}$。

②相平衡静态模型求解法。

石蜡在井筒的沉积过程，实际是一个静态、动态结合的过程，在析蜡点以下，石蜡结晶析出可以用三相平衡来描述，蜡晶从油流中运动到管壁并沉积下来是一个动态过程，可以用子扩散理论描述。而且，对于气液固三相流动时，气相中如果存在蜡组分，它可以直接通过气—固平衡生成固相蜡，综合这两方面因素，利用气—液—固三相平衡模型计算油相、气相中的蜡浓度是较之于实验法更可行、更准确的方法。

石蜡的碳数一般在 C_{16}—C_{70} 之间，认为 C_{16} 以上组分均为蜡组分，石蜡在井筒沉积实际是一个气—液—固三相平衡问题。通过三相平衡模型，可以分别计算出各蜡组分 i 在气、液、固三相中的含量，其中气相、液相中的量为溶解的蜡量，从而可以得到油气中蜡的溶解度。

设一个由 n 个组分构成的油气体系，取 1mol 质量分数为分析单元，则体系处于三相平衡时，应满足物质平衡条件：

$$\begin{cases} V + L + S = 1 \\ x_i^V V + x_i^L L + x_i^S S = z_i \\ \displaystyle\sum_{i=1}^{n} x_i^V = \sum_{i=1}^{n} x_i^L = \sum_{i=1}^{n} x_i^S = 1 \end{cases} \qquad (5\text{-}50)$$

式中　V，L，S——平衡时气相、液相、固相的摩尔分数；

　　　x_i^V，x_i^L，x_i^S——平衡时气相、液相、固相各相中第 i 个组分的摩尔组成；

　　　z_i——油气体系中第 i 个组分的总摩尔组成。

对石蜡烃族，根据热力学相平衡原理，体系内各组分 i 在气、液、固三相中的逸度分别表示为

$$f_i^{\mathrm{V}} = x_i^{\mathrm{V}} \phi_i^{\mathrm{V}} p \qquad (5-51)$$

$$f_i^{\mathrm{L}} = x_i^{\mathrm{L}} \phi_i^{\mathrm{L}} p \qquad (5-52)$$

$$f_i^{\mathrm{S}} = a_i^{\mathrm{S}} f_i^{\mathrm{OS}} = x_i^{\mathrm{S}} r_i^{\mathrm{S}} f_i^{\mathrm{OS}} \qquad (5-53)$$

式中 f_i^{V}、f_i^{L}、f_i^{S}——组分 i 在气相、液相、固相中的逸度；

      ϕ_i^{V}、ϕ_i^{L}——组分 i 在气相、液相中的逸度系数；

      x_i^{V}、x_i^{L}、x_i^{S}——组分 i 在气相、液相、固相中的摩尔组成；

      a_i^{S}、r_i^{S}——组分 i 在固相中的活度、活度系数；

      f_i^{OS}——组分 i 固相标准态的逸度。

根据多相平衡热力学判据，在某一条件下，当气相、液相、固相三相处于热力学相平衡时，体系中每一组分在各相中的逸度应相等，有

$$f_i^{\mathrm{V}} = f_i^{\mathrm{L}} = f_i^{\mathrm{S}} \qquad (5-54)$$

式（5-54）等价为式（5-55）和式（5-56）：

$$f_i^{\mathrm{V}} = f_i^{\mathrm{L}} \qquad (5-55)$$

$$f_i^{\mathrm{L}} = f_i^{\mathrm{S}} \qquad (5-56)$$

由此，结合式（5-54）至式（5-56），可以导出下面关系式，气—液平衡常数 K_i^{VL} 表达式为

$$K_i^{\mathrm{VL}} = \frac{x_i^{\mathrm{V}}}{x_i^{\mathrm{L}}} = \frac{\phi_i^{\mathrm{L}}}{\phi_i^{\mathrm{V}}} \qquad (5-57)$$

以及液相—固相平衡常数 K_i^{SL} 表达式为

$$K_i^{\mathrm{SL}} = \frac{x_i^{\mathrm{S}}}{x_i^{\mathrm{L}}} = \frac{\phi_i^{\mathrm{L}} P}{r_i^{\mathrm{S}} f_i^{\mathrm{OS}}} \qquad (5-58)$$

则蜡在油中的溶解度为：

$$C_{\mathrm{s}}(T_i) = C_{\mathrm{b}}\left(x_{\mathrm{wax}}^{\mathrm{L}} + x_{\mathrm{wax}}^{\mathrm{V}}\right) \qquad (5-59)$$

式中 $x_{\mathrm{wax}}^{\mathrm{L}}$——蜡组分在液相中的摩尔组成；

$x_{\mathrm{wax}}^{\mathrm{v}}$——蜡组分在气相中的摩尔组成。

其浓度梯度为

$$\frac{\mathrm{d}C_{\mathrm{s}}}{\mathrm{d}T_i}=\frac{C_{\mathrm{s}}\left(T_i+\Delta T\right)-C_{\mathrm{s}}\left(T_i\right)}{\Delta T} \tag{5-60}$$

（3）有效扩散系数的计算。

$$D_{\mathrm{e}}=\frac{D_{\mathrm{wo}}}{1+\alpha^2 F_{\mathrm{w}}^2/\left(1-F_{\mathrm{w}}\right)} \tag{5-61}$$

式中　α——常数；

　　　D_{wo}——蜡分子扩散系数。

用 Hayduk-Minhas 方法求得：

$$D_{\mathrm{wo}}=13.3\times10^{-8}\times\frac{T^{1.47}\mu\gamma}{V_{\mathrm{A}}^{0.71}}\frac{\mathrm{cm}^2}{\mathrm{s}} \tag{5-62}$$

式中　T——油流温度，K；

　　　μ——黏度，mPa·s；

　　　V_{A}——石蜡摩尔体积，cm³/mol；

　　　γ——V_{A} 的函数，其表达式为

$$\gamma=\frac{10.2}{V_{\mathrm{A}}}-0.791 \tag{5-63}$$

（4）油流中蜡浓度 C_{b} 的计算。

油流中蜡浓度的变化 = 蜡胶体层中沉积的蜡量

$$\Delta V\left(C_{\mathrm{bo}}-C_{\mathrm{b}}\right)=\int_0^L \pi R^2 y\left(2-y\right)F_{\mathrm{w}}\rho_{\mathrm{gel}}\mathrm{d}L \tag{5-64}$$

则：

$$C_{\mathrm{b}}=C_{\mathrm{bo}}-\int_0^L \frac{\pi R^2 y\left(2-y\right)F_{\mathrm{w}}\rho_{\mathrm{gel}}}{\Delta V}\mathrm{d}L \tag{5-65}$$

式中　ΔV——轴向步长 L 所对应的油流体积，在初始时刻 $y=0$，$C_{\mathrm{b}}=C_{\mathrm{bo}}$。

（5）传热系数与传质系数的计算。

$$h=\frac{Nu\times k_{\mathrm{oil}}}{2R} \tag{5-66}$$

$$k_m = \frac{Sh \times D_{ow}}{2R} \qquad (5-67)$$

式中　Nu——努塞尔数；

　　　Sh——舍伍德数。

$$Nu = 0.023Re^{0.8}Pr^{1/3} \qquad (5-68)$$

$$Sh = 0.023Re^{0.8}Sc^{1/3} \qquad (5-69)$$

$$Re = \frac{2Q\rho}{\pi r \mu}$$

$$Pr = \frac{\mu C_p}{k_{oil}} \qquad (5-70)$$

$$Sc = \frac{\mu}{\rho D_{ow}}$$

式中　Re——雷诺数；

　　　Pr——普朗特数；

　　　Sc——斯密特数；

　　　C_p——比定压热容。

（6）蜡胶体层有效热传导系数的计算。

根据 Maxwell 关系式（Carslaw et al.，1959）有：

$$k_e = \frac{2k_{wax} + k_{oil} + (k_{wax} - k_{oil})F_w}{2k_{wax} + k_{oil} - 2(k_{wax} - k_{oil})F_w}k_{oil} \qquad (5-71)$$

式中　k_{wax}——蜡胶体层热传导系数，W/（m·K）；

　　　F_w——蜡胶体层中蜡的固相质量分数，无量纲。

3）井筒结蜡动态模型求解

综上所述，得到井筒蜡沉积动态预测模型如下：

$$\begin{cases} \dfrac{y}{1-y}\left(1-\dfrac{y}{2}\right)\dfrac{\mathrm{d}F_w(t)}{\mathrm{d}t} + F_w(t)\dfrac{\mathrm{d}y}{\mathrm{d}t} = \dfrac{k_M}{\rho_{gel}R}\left[C_b - C_i(T_i)\right] \\[3mm] F_w(t)\rho_{gel}\dfrac{\mathrm{d}y}{\mathrm{d}t} = \dfrac{k_M}{R}\left[C_b - C_i(T_i)\right] + \dfrac{D_e}{R}\dfrac{\mathrm{d}C}{\mathrm{d}T}\dfrac{\mathrm{d}T}{\mathrm{d}r}\bigg|_i \\[3mm] \dfrac{\mathrm{d}l_s}{\mathrm{d}t} = k\delta\tau^a / F_w^{2.3}\rho_{gel}A \\[3mm] \dfrac{\mathrm{d}l_{all}}{\mathrm{d}t} = -\dfrac{\mathrm{d}r_i}{\mathrm{d}t} + \dfrac{\mathrm{d}l_s}{\mathrm{d}t} \end{cases} \qquad (5-72)$$

式（5-72）中，方程一和二描述扩散沉积，方程三描述剪切扩散，方程四为总的沉积方程。将各个参数的求取结果代入方程一、方程二，联立这两方程，利用龙格—库塔法可求解此微分方程组。对于蜡浓度和浓度梯度的计算，本文采用气—液—固三相平衡模型求解。

（1）计算步骤。

①输入相关物性参数及常量，并对井筒节点划分；

②预测井筒不同节点处的压力、温度；

③求取模型中的各个参数；

④在 $t=0$ 时刻，给定 r_i^0、$F_w^0(t)$ 的初值；

⑤利用龙格—库塔法迭代求解 r_i、$F_w(t)$，满足精度则向下求解，否则用计算值替换初值，返回重新迭代；

⑥计算下一个节点。

（2）程序逻辑流程图。

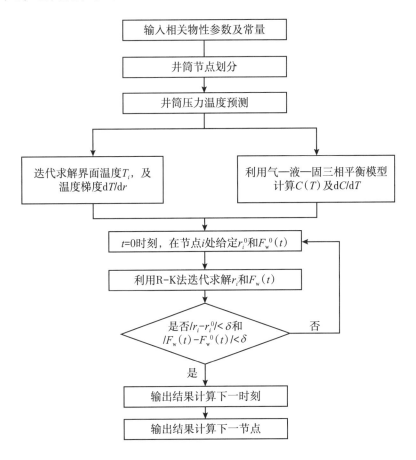

图 5-7 井筒结蜡预测计算程序流程图

2. 预测图版

利用多相管流蜡沉积动态模型和现场实验数据，结合各单井生产曲线，对实际生产制度下的井筒结蜡厚度进行预测。

（1）A井结蜡厚度预测。

结合 A 井的生产曲线，分析其生产制度，在产气量 $6.5×10^4m^3/d$，气油比 $1200m^3/m^3$，油压 27.5MPa，含水率为 0 情况下，预测井筒内的结蜡厚度如图 5-8 所示。

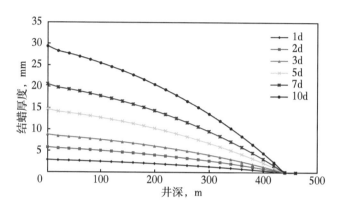

图 5-8　A 井结蜡厚度

A 井在该生产制度下，结蜡位置在 0~460m 之间，最大结蜡厚度在井口处，最大结蜡速度为 2.94mm/d，结蜡速度快。

（2）B 井结蜡厚度预测。

结合 B 井的生产曲线，分析其生产制度，在产气量 $6×10^4m^3/d$，气油比 $7000m^3/m^3$，油压 45MPa，含水率为 0 情况下，预测井筒内的结蜡厚度如图 5-9 所示。

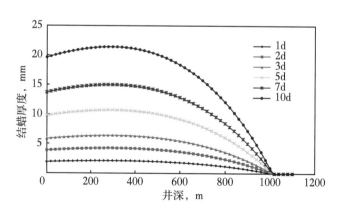

图 5-9　B 井结蜡厚度

B 井在该生产制度下，结蜡位置在 0~1100m 之间，最大结蜡厚度位置在井深 260m 左右，最大结蜡速度为 2.14mm/d，结蜡速度快。

（3）C 井结蜡厚度预测。

结合 C 井的生产曲线，分析其生产制度，在产气量 $3 \times 10^4 m^3/d$，气油比 $1100 m^3/m^3$，油压 20MPa，含水率为 0 情况下，预测井筒内的结蜡厚度如图 5-10 所示。

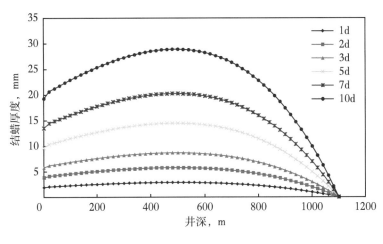

图 5-10　C 井结蜡厚度

C 井在该生产制度下，结蜡位置在 0~1080m 之间，最大结蜡厚度位置在井深 600m 左右，最大结蜡速度为 2.89mm/d。

第三节　深层高压凝析气井清防蜡工艺和应用

在油层条件下，油气中的蜡处于溶解状态，随着生产过程中温度和压力的降低及原油中溶解气的分离，溶解在原油中的石蜡便以结晶的形态析出，聚集并沉积在油管管壁和抽油杆上，出现结蜡现象。

根据对结蜡机理的认识和长期实践经验，防止凝析气井结蜡可以从下面三个方面着手：

（1）抑制石蜡结晶的析出和聚积；

（2）创造不利于石蜡结晶在油管管壁和抽油杆表面上沉积的条件；

（3）采用机械手段和化学方法清除结蜡。

油气井清防蜡工艺技术已经发展和应用了机械、热力、化学等多种清防蜡工艺。但随着石油技术的发展以及人们对安全、环境、效益的重视程度提高，对清防蜡工艺技术提出了一些新的要求，一些成熟的工艺技术因其对环境的污染、对炼油工艺的不利影响、成本较高以及存在有毒、易燃等严重的不安全因素，而逐渐被改进、停用或替代。目前含蜡油气井（低中压）以机械清蜡为主，清蜡周期一般在30天以内，该工艺成熟简单，安全性高；不足之处是存在工具落井风险，造成井下负责的风险，同时作业人员较多，劳动强度大。而库车山前高压区块的清防蜡工艺总体处于起步阶段，攻关和试验适合的清防蜡技术是迫切解决问题。

一、耐高压机械清防蜡技术

机械清蜡就是用专门的刮蜡工具（清蜡工具），把附着于油井中的蜡刮掉，这是一种既简单又直观的清蜡方法，在自喷井和抽油井中广泛应用。

博孜区块、大北区块、神木区块机械清蜡共实施20井次以上，有效期短，普遍不满一个月，同时存在清蜡工具挂卡风险（博孜101井），见表5-3。

表5-3　博孜区块机械清蜡解堵作业效果

井号	解堵作业类型	效果	备注
博孜1井	小油管解堵（作业19d）	解堵后维持生产23d	—
	连续油管解堵（作业4d）	解堵后维持生产34d	
	井口正挤85℃有机盐解堵（作业8d）	解堵失败	
博孜101井	钢丝作业机械清蜡	解堵失败	机械清蜡时，通井工具掉落

二、热流体清防蜡

利用热能提高井筒油管和液流的温度，当温度超过析蜡温度时，则起防止结蜡的作用，当温度超过蜡的熔点时，则起清蜡作用。

通过连续油管或从井口挤注有机盐、热流体等方式解堵，有效期短。博孜101井挤溶蜡剂1井次，措施初期有效，持续11天；博孜102井多次挤注热洗后油套连通，见表5-4。

表 5-4 博孜区块机械清蜡解堵作业效果

井号	解堵作业类型	效果	备注
博孜101井	井口正挤 50℃乙二醇 + 溶蜡剂（1d）	解堵成功，生产 11d	机械清蜡时，通井工具掉落
博孜102井	井口间歇正挤 80℃有机盐（10 次）	维持生产 106d，油套连通后停止	循环热洗维持生产，费用高
	环空注 80℃热流体（有机盐、轻质油）循环热洗生产（48d）	维持生产 33d（除去现场停电导致井筒堵塞，解除堵塞耗时 15d）	

三、化学清防蜡技术

用化学药剂对油气井进行清防蜡是目前油田应用比较广泛的一种清防蜡技术，这是因为用化学药剂进行清防蜡，通常是将药剂从环形空间加入，不影响油井正常生产和其他作业，除可以收到清蜡、防蜡效果外，使用某些药剂还可以收到降凝、降粘和解堵的效果。但对于井完整性良好且有封隔器的高压气井，一般通过油管挤注化学药剂，起到解堵的效果。化学清防蜡剂有油溶型、水溶型和乳液型三种液体清防蜡剂，此外还有一种固体防蜡剂。

解决沉积的办法有两种：

（1）使用一种（或多种）物质能在金属表面形成一层极性膜以影响金属表面的润湿性。

（2）加入一种（或多种）物质使其改变蜡晶结构或使蜡晶处于分散状态，彼此不互相叠加，而悬浮于原油中。这类物质就是通常所说的蜡晶改进剂和蜡晶分散剂。

防蜡剂就是基于上述原理而研制开发的。由以上分析可见，化学防蜡除筛选好配方和用量外，很重要的是必须保证防蜡剂在原油中的含量始终符合设计要求。因此加药方法必须满足这个条件，并不是加了优选的防蜡剂，就是化学防蜡。

清蜡剂的作用过程是将已沉积的蜡溶解或分散开，使其在油井原油中处于溶解或小颗粒悬浮状态，随油井液流流出，这涉及渗透、溶解和分散等过程。

1. 液体清防蜡剂应用

2016—2019 年，塔里木油田先后在博孜区块、大北区块、神木区块开展了清蜡剂筛选评价研究；其中，博孜区块、大北区块开展了对应的现场试验，结果明显（表5-5）。但上述清蜡剂均应用于井筒解堵措施，并非应用于化学注入阀，化学注入阀用清防蜡药剂还需优选评价。

表5-5　塔里木油田各气田开展化学清蜡剂筛选评价数据表

序号	区块	清蜡剂编号	溶蜡率%（质量分数）	溶蜡速率g/min	闪点℃	腐蚀率g/（m²·h）	措施单井	时间	备注
1	博孜	清蜡剂1（BZ102）	28	0.031	54	0	博孜102	2016年	辽河
		清蜡剂1（BZ1）	26	0.029	54	0			
		重脑石油（BZ1）	99（80℃）	—	—	—	未实施		兰德宏业
2	大北	PPH-Ⅲ型清蜡剂	—	0.1291	<40	—	大北2、大北102、大北103	2018—2019年	辽河
3	神木	油基清蜡剂3#	—	0.0294	<40	—	未实施		油建
备注	（1）溶蜡率测试条件为20℃；（2）溶蜡速率测试条件为45℃，反应2h；（3）腐蚀速率测试：采用GB/T18175—2014《水处理剂缓蚀性能的测定　旋转挂片法》								

清蜡剂与除垢剂配合形成"蜡垢复合解堵技术"已应用大北2、大北102、大北103井，成功率100%，3口井复合解堵后产能均超投产初期产能，井口温度均大于50℃，避免井筒析蜡结蜡，大北2井已平稳生产18个月（前次11个月），大北102井已平稳生产9个月，如图5-11所示。

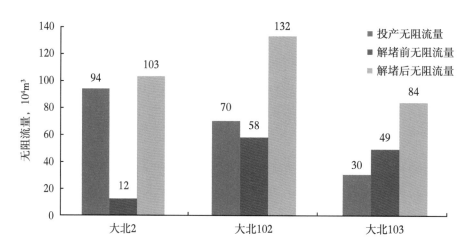

图5-11　蜡垢复合解堵技术应用效果

2. 固体防蜡剂

相比于液体防蜡剂，固体防蜡剂可以制成粒状，或混溶后在模具中压成一定形状的防蜡块（如蜂窝煤块状）/阻蜡棒，置于油气井一定的温度区域或投入井底，在油气井温度下逐步溶解而释放出药剂并溶入油气中，与流体中的蜡产生共晶作用达到防蜡的目的。

固体防蜡剂加注方式主要有两种：

（1）固体防蜡剂在凝析气井投产前压裂改造阶段随支撑剂注入地层，对于投产初期产量高、井口温度高的凝析气井，结蜡风险小，固体防蜡剂起不到预期的效果；后期降产降温后，固体防蜡支撑剂已消耗，防蜡效果有限。

（2）将固体防蜡剂（如阻蜡棒）通过专用井口投入井筒内或置于油气井一定的温度区域，通过缓慢释放起到防蜡效果，如图5-12所示。优点：操作简单，无须停井，作业一次防蜡周期较长；用量计算方法简单，易于调整，降低

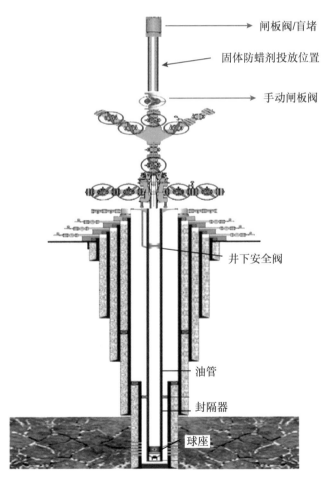

闸板阀/盲堵

固体防蜡剂投放位置

手动闸板阀

井下安全阀

油管

封隔器

球座

图 5-12　固体防蜡剂井口投注示意图

169

常规除蜡的作业频率，降低生产过程中除蜡作业的成本。缺点：针对高温凝析气井，固体防蜡剂防蜡效果、有效期、尺寸、固定方式目前还不清楚，需要进行攻关。

固体防蜡剂是高压凝析气井可行的清防蜡工艺，但目前国内开展的固体防蜡剂普遍集中于油井，对高压气井的固体防蜡剂研究较滞后。

四、高压气井连续管揽电加热防蜡技术

深层高压凝析气井前期试验了定期热洗，由于热洗对管柱完整性有很大影响（博孜 102 井），因此仅短期试验；积极引进和试验了连续管缆电加热清防蜡工艺，针对博孜等区块井筒结蜡问题，研发耐高压、抗腐蚀连续管缆电加热装置，配套作业井下屏障设计技术，现场试验取得了较好的效果，其中博孜 102 井技术应用前清蜡周期 1 次 /10 天，技术应用后已平稳生产 2 年以上，期间未出现蜡堵问题。

1. 耐高压抗腐蚀电加热装置

1）耐高压抗腐蚀加热管缆

为延缓加热管缆受 CO_2、后期产水的 Cl^- 腐蚀，并满足强度要求，加热管缆结构由外至内分别为连续油管、联锁铠、绝缘层和电缆芯四层（图 5-13），其主要作用如下：

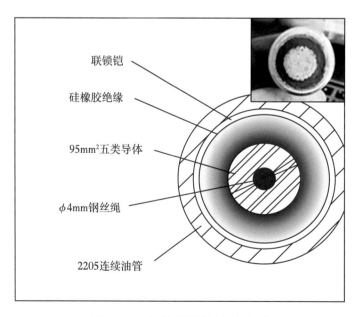

联锁铠

硅橡胶绝缘

95mm² 五类导体

φ4mm 钢丝绳

2205连续油管

图 5-13　加热管缆结构示意图

（1）连续油管采用 2205 双相不锈钢制成，抗 CO_2 和 Cl^- 腐蚀，抗外挤 120MPa，在井筒内作为热载体并保护内部电缆芯。

（2）加热管缆在悬挂井口穿越时，连续油管将被剥离，联锁铠代替连续油管起到保护电缆的作用。

（3）连续管缆下入井内，因金属记忆效应，连续管缆将于油管内弯曲贴壁，为防止电流短路，管缆内部采用绝缘材料隔断电缆芯和连续油管，并在底部焊接金属堵头（图 5-14），确保通过金属堵头形成电流回路。

（4）电缆芯作为电流流入通道，电缆芯及绝缘层的耐温可达 180℃，测试耐电压 18kV 未击穿。

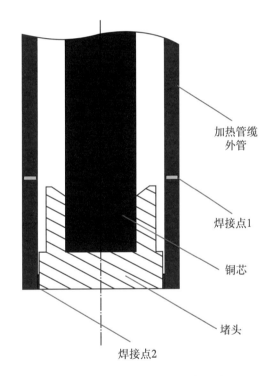

图 5-14　加热管缆底部焊接示意图

2）耐高压抗腐蚀悬挂井口

博孜 1 气藏关井压力高达 90MPa，为此研发了一套压力级别 105MPa 的悬挂井口（图 5-15）。悬挂井口主要由金属密封圈、芯轴、电缆穿越密封机构和电缆剪断装置组成：

（1）金属密封圈作为装置的主密封，气密封级别 105MPa，通过芯轴挤压金属密封环实现与壳体、连续油管、芯轴下端间的密封。

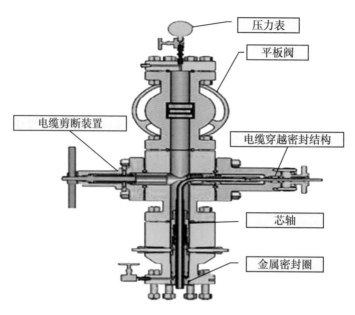

图 5-15　悬挂井口结构示意图

（2）芯轴内外配置两组非金属密封件，辅助密封芯轴与壳体、芯轴与连续油管，并且内置卡瓦防加热管缆下拉和上顶。

（3）主密封以上部位理论上不承受压力，但出于安全考虑，对电缆穿越处设计一道独立密封机构，可承压 70MPa。

（4）当需要起出加热管缆时，通过此装置剪断电缆，然后下入专用打捞工具对接芯轴上端打捞头后起出加热管缆。

3）地面电源系统

根据井筒是否加热，井筒划分为常规段温度场和加热段温度场（图 5-16），将井筒温度分开计算。常规段温度场根据井筒流固耦合传热模型计算得到，然后将常规段加热处温度作为初始温度，再计算所需加热功率。通过计算，加热功率达到 150kW，博孜 102 井正常生产时，井口温度可维持在 30℃ 以上，保证井筒内无蜡析出。

2. 配套作业井下屏障设计技术

加热管缆下到位后，需拆换井口进行安装、坐封。若压井后作业，因油管下部带封隔器、加热管缆底部焊死，无法循环替液诱喷，只能用低密度液体顶替部分压井液入地层才能恢复自喷能力，将对储层造成严重伤害。并且目前井下安全阀通常下深 80m 左右，加热管缆下入井内后采气树主阀、井下安全阀均无法关闭，生产期间一旦井口出现泄漏，无隔绝地层压力源的手段，井口将失控。针对上述问题，配套形成深下井下安全阀屏障设计，将井下安全阀下深调至加热管缆下部，作业期间通过关闭井下安全阀而避免压井，实现整个作业过程存在两道独立井控屏障（图5-17），保障作业安全，且投产后一旦井口泄漏，可关闭井下安全阀隔绝地层压力，实施换装井口作业。但由于井身结构生产套管尺寸限制，只能选用3½in井下安全阀，相较常用4½in井下安全阀强度偏低，需对安全阀进行受力分析（图5-18），确保强度满足完井、改造、投产后的工况要求。

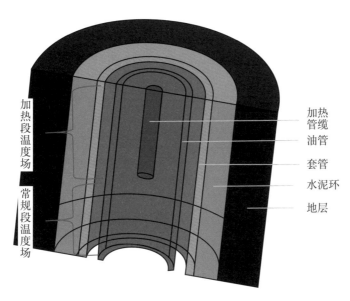

图 5-16　电加热温度场计算示意图

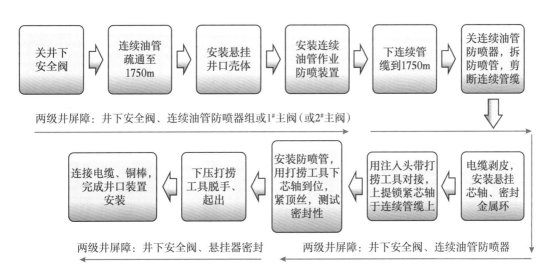

图 5-17　加热管缆安装作业流程图

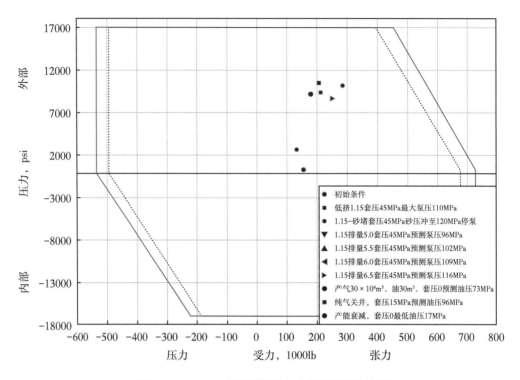

图 5-18　$3\frac{1}{2}$in 深下井下安全阀强度校核图

3. 应用效果

连续管缆电加热防蜡技术在塔里木油田高压气井先后应用 7 口井（其中，1 口井因制度原因未开井），恢复天然气 $110\times10^4\mathrm{m^3/d}$、凝析油 90t/d，使前期因井筒温度低蜡 / 水合物堵无法开井生产的井恢复正常生产，如图 5-19 所示。

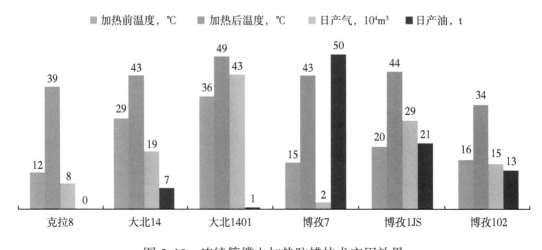

图 5-19　连续管缆电加热防蜡技术应用效果

五、高压气井化学注入连续防蜡技术

高压气井化学注入工艺连续防蜡技术主要利用化学注入阀（图 5-20）将防蜡剂进入油管，与产出流体接触、混合后防止蜡析出，主要由防蜡剂和高压注入系统两部分组成。高压注入系统又可分为注入阀、注入管线和地面泵注系统三部分。在深层超深层气井完井期间，注入阀携带注入阀随完井管柱下入井内，不存在后期管内作业，没有井口作业的井控风险，因此化学注入工艺连续防蜡技术适用于新井连续防蜡需求。

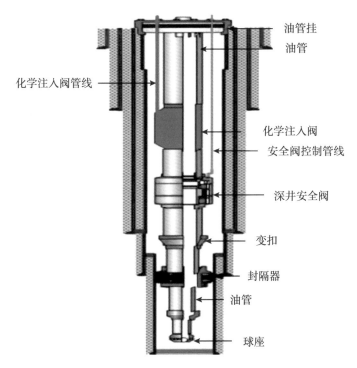

图 5-20　化学注入连续防蜡技术

1. 注点下入深度设计

根据化学注入连续防蜡技术的原理特点，重要的是要求注入阀要安装在井筒析蜡深度以下。不同于常规油井深层超深层气井具有"气相直接析蜡"特点，利用自研的 300℃/100MPa 蜡晶高压可视化相变微观观测装置和方法可实现析蜡温度准确预测，塔里木油田部分深层超深层凝析气析蜡温度为 25~40℃。以博孜 1201 井为例，利用 WellCat 软件预测低产、关井、正常生产工况下井筒温度场（图 5-21），可知当关井工况下，井筒温度最低，此时析蜡深度为 1000m。注入阀下深 1500m 时可以保证井筒内在析蜡前，防蜡剂与凝析气充分混合。

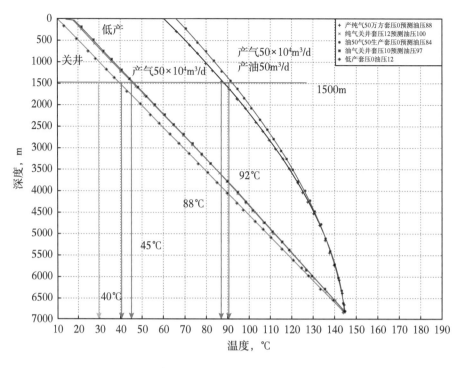

图 5-21　博孜 1201 井各种工况下井筒温度场

2. 高压注入系统

高压注入系统由注入阀、注入管线和地面泵注系统三部分组成，主要作用为将防蜡剂连续泵注油管内，起到持续防蜡的作用，如图 5-22 所示。深层超深层气井最大关井压力超过 100MPa，因此本项目配套形成最大注入压力 210MPa 注入系统，各部分主要性能如下：

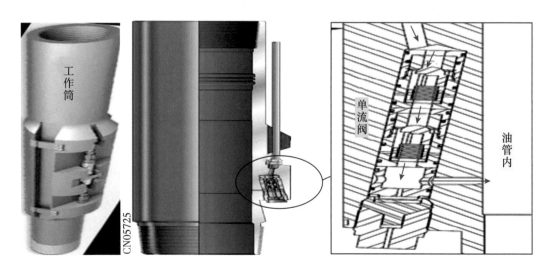

图 5-22　化学注入阀结构原理示意图

（1）注入阀。包括工作筒和单流阀两部分，工作筒起到连接上下油管的作用，外径 $4\frac{1}{2}$in，工作筒最大同心外径 162.18mm，偏心外径 148.67mm；单流阀允许化学药剂进入油管，停注期间阻止油管内的液体和气体窜入。

耐温耐压：本井采用 $4\frac{1}{2}$in 化学注入阀，耐温 200℃，耐压 103MPa；

材质：718 材质，可以防硫化氢、二氧化碳和化学介质的腐蚀；

注入排量：注入量为 108.96~1089.6L/d。

（2）注入管线。注入管线起到连接注入阀和地面泵注系统的作用，以博孜 1201 井为例，采用 $\frac{1}{4}$in×0.065in 的 1500m 控制管线，注入防蜡剂排量为 109.72mL/min 下管线摩阻为 15.7MPa，正常生产工况下注入泵压为 107MPa（图 5-23），管线具体参数如下：

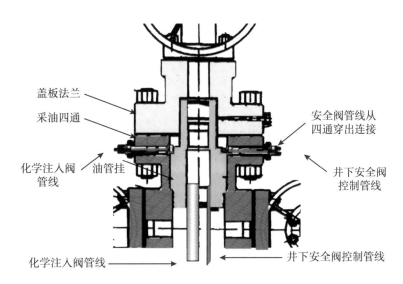

图 5-23　连接管线整体穿越示意图

耐压：采用 $\frac{1}{4}$in×0.065in 注入管线，耐压 283.9MPa；

材质：825 材质，可以防硫化氢、二氧化碳和化学介质的腐蚀；

接头：$\frac{1}{4}$inFMJ 高可靠性接头压力等级 207MPa；

采油树穿越：注入管线整体穿越油管挂，上下采用 $\frac{1}{4}$in Autoclave 接头（20K），用于 $\frac{1}{4}$in 控制管线穿越油管挂后锁定密封；割断 $\frac{1}{4}$in 控制管线，造 $\frac{1}{4}$in Autoclave 扣，与密封连接杆连接，穿出采油四通后用 $\frac{1}{4}$in Autoclave（压力等级 60K）与连接杆连接，安装好后，从采油树对内整体试压 138MPa，试压合格后连接杆与考克连接。

（3）地面泵注系统。泵注设备为化学注入阀持续注入防蜡剂，并实现对注入流量的监控，设备分为二个橇座，一个为注入控制装置橇座，一为空压机供气橇座，二者均独立成橇。注入橇座的最大注入能力为 700mL/min（140MPa），最大输出压力可达 210MPa，如图 5-24 所示。

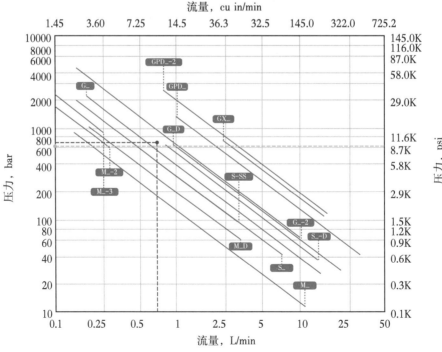

图 5-24　地面泵注系统及排量—压力图版

六、其他清防蜡技术

1. 加砂压裂提产防蜡技术

通过压裂提产提高井口温度是博孜、大北含蜡气藏的有效防蜡策略。博孜1井组分回归蜡样数值模拟结果表明：结蜡温度 45℃ 左右，提高井口温度至 45℃，就可避免蜡沉积。

2016 年至今，博孜、大北含蜡气藏共实施加砂压裂 14 井次（图 5-25），改造后平均单井产量 41×10⁴m³/d。除博孜 102 井提产效果有限、采用了连续管缆防蜡工艺外，其他井生产过程中未见严重结蜡问题（博孜 3、博孜 301 见少量结蜡）。通过压裂提产提高井口温度防蜡，整体效果较好。但是提产效果不能完全保证，后期面临降产降温，可能引起析蜡问题。

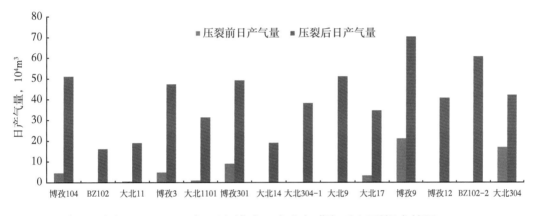

图 5-25　2016 年至今博孜、大北气藏加砂压裂提产情况

［应用实例］

博孜 301 井储层评价：在北西向 200m，西部 50m，东部 100m 均有优质天然裂缝，裂缝活动性好，南部裂缝活动性较差。

改造思路：冻胶造长缝 125m，规模至 600m³，沟通远端裂缝系统。

改造规模及效果：改造规模 580m³，加砂量 50m³，施工排量 5m³/min；改造后 7mm 油嘴，日产油 115m³，日产气 49×10⁴m³，增产 5.5 倍，见表 5-6。

2. 表面能防蜡技术

这类方法的防蜡作用主要是创造不利于石蜡沉积的条件，如提高表面的光滑度，改善表面的润湿性，使其亲水憎油，或提高井筒流体的流速，具体的方法主要是：

表 5-6　博孜 301 井远井天然裂缝认识及改造效果

井号	储层评估	按照以前的储层评估制定的改造方案				按照多尺度精细化储层评估优化的改造方案			
		天然裂缝认识	液体	规模 m^3	模拟日产气量 $10^4 m^3$	天然裂缝认识	液体	规模 m^3	模拟改造后日产气量 $10^4 m^3$	改造后日产气量 $10^4 m^3$
博孜301	Ⅱ类储层	井壁近井天然裂缝发育	采用冻胶	380	25	地震资料预测东部100米均有优质天然裂缝	采用更大规模冻胶造长缝	580	45	49.4

1）油管内衬

油管内衬是在油管内衬一层由 SiO_2 等材料组成的玻璃衬里，具有亲水憎油、表面光滑的防蜡作用，特别是油气井含水后油管内壁先被水润湿，析出的蜡就不容易附着在管壁上，同时内壁表面光滑，使析出的蜡不易黏附，比较容易被油流冲走，减缓了结蜡速度。但这种油管不耐冲击，运输和起下油管要求的条件苛刻，因此一般在自喷井和气举井上使用，对高压凝析气井适应性研究较少。

2）涂料油管

涂料油管是在油管内壁涂一层固化后表面光滑且亲水性强的物质，其防蜡原理与玻璃衬里油管相似。最早使用的是普通清漆，但由于其在管壁上黏合强度低，效果差而逐渐被淘汰。目前应用最多的是聚氨基甲酸醋。涂料油管有一定的防蜡效果，特别是新油管便于清洗，涂层质量高，防蜡效果较好，使用一段时间后，由于表面蜡清除不净，以及油气中活性物质可使管壁表面性质发生变化而失去防蜡效果。

3. 声波防蜡技术

声波防蜡技术的基本作用原理与声波相同。首先是机械作用，由声波发生器产生的声波以较高频率产生剧烈机械振动，振动作用于含蜡原油而产生搅拌、分散、冲击破碎等次级效应，使原油中的胶质、沥青质与蜡晶均匀分布，从而减少了蜡晶相互结合的概率，同时剧烈的振动而产生的力学效应使流体质点动能增加而产生较大的剪切应力，从而减弱蜡晶之间的结合力，导致蜡晶的网状结构破坏，流动性改变，具体体现在大幅度降低原油的黏度和流动阻力。

所以机械作用是声波防蜡主要作用之一。其次是空化作用，在声波场中可以降低空化阈和空化产生的条件，使空化现象更容易发生，空化作用常常产生局部的高温高压的能量爆发，由此产生的破坏力是巨大的，因此这种作用对改变流体结构也起到不可忽视的作用。最后是声波的热作用，其作用大小与声波振动的频率及振动幅度有关，在频率不高时，这种作用就较弱。

声波防蜡技术是一种新型高效低成本的先进技术，应用后防蜡效果好，有效期长，可降低抽油机电能消耗，延长洗井及检泵周期，能增加油井的产液量和产油量。而且在与化学清蜡剂配合应用时，除具有单纯声波防蜡技术优点外，还可以减少加药量，延长加药周期，大幅度延长结蜡周期，防蜡效果十分明显。但是目前声波防蜡主要应用于油井，设备多不满足高压气井使用条件。

4. 强磁防蜡技术

磁防蜡器主要有永久磁防蜡器和电磁防蜡器，常用的为永久磁防蜡器。因为电磁防蜡器需要消耗能源，电磁铁的体积大，安装不方便。

磁防蜡作用机理：抗磁性物质（饱和烃、石蜡、硫黄和其他金属盐类等）以一定的流速在一定的磁场强度和磁场位形分布的影响下通过磁场时可被瞬时磁化，使原油和油田注入水的一些化学物理性质发生改变，这种现象称为磁效应。在液体离开磁处理装置后其磁性仍能保持一定的时间，叫"磁记忆效应"。实验证明，被磁化的物质引起了结构的变化，由于结构的变化而使其物质的若干特性改变（力学、物理化学、电学及光学）。因而产生了各种效应，磁防蜡器就是利用这些效应来解决石油生产工艺中的问题。但目前缺少磁防蜡应用于高压气井防蜡的研究的实例，效果待评估。

5. 微生物清防蜡技术

微生物清防蜡技术是利用高分子微生物，对原油中的石蜡具有降解的作用。微生物代谢的产物能够形成乳化剂及其他的表面活性剂，改变原油的流动性能，提高单井的生产能力。微生物的清防蜡的技术措施的有效期长，工艺简单，不需要其他的设备支持，避免单井热洗带来的油层的伤害。

针对油气中蜡的特点，选择和应用能够降解石蜡的微生物菌群，将其注入井筒内或者输送管道内部，达到最有效的清蜡和防蜡的效果。微生物可以改变蜡晶的结构，防止石蜡的进一步沉积，是防蜡的最佳时机，达到预防石蜡沉积的概率，相应地解决油井结蜡的问题。微生物的应用，在油流输送的管道内壁形成一层微生物的保护膜，避免石蜡的黏附，同时保护管柱的内壁，避免发生严重的腐蚀现象，而影响到油田生产管柱的使用寿命。同时微生物能够与原油混合，促使原油形成乳化液，达到降低原油黏度的作用效果。由于微生物清防蜡技术措施不需要额外的设备，资金的投入量不大，与其他的化学清防蜡剂对比，对油流没有任何的伤害，达到绿色环保的质量标准，成为新型的环保的技术措施，有待于进一步的发展和应用，促使油田清防蜡技术健康发展，提高了微生物技术的运行效率。微生物技术的应用，对地层没有伤害，但培养微生物菌群的难度系数比较大，在一定的温度条件下，微生物的存活率受到了限制。

第六章 深层高压气井水合物防治技术

天然气在处于高压、低温的环境，极易形成水合物，水合物一旦形成，就会聚集在管道内壁，轻则堵塞管道，降低管道的流通量，重则堵塞井筒，导致停产，从而带来严重的安全隐患和较大的经济损失。为了有效规避天然气开发过程中因水合物产生造成的风险，对天然气水合物生成条件进行实验测试和理论研究十分必要。为此采用高压可视化水合物生成实时观测装置与高低温固相沉积动态堵塞实验装置，分别进行高压下水合物生成静/动态堵塞实验，并分析其堵塞规律以对现场生产提供指导作用。

第一节 深层高压气井水合物形成机理

一、高压水合物观测实验方法

1. 实验装置

利用高压可视化水合物生成实时观测装置（图 6-1 和图 6-2），可实现不同条件下水合物生成临界温度测试。高压可视化水合物生成实时观测装置由变体

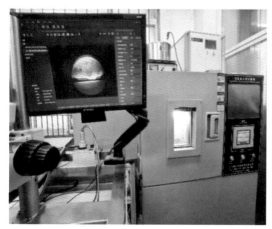

图 6-1 高压可视化水合物生成实时观测装置

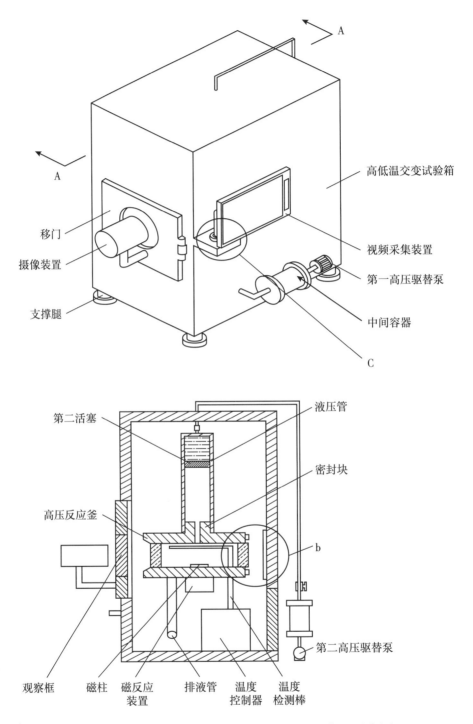

图 6-2　高压可视化水合物生成实时观测装置示意图

积高压反应釜、可视化蓝宝石观察窗、高低温交变试验箱、高压驱替泵、温度
压力测量系统等组成。其中变体积高压反应釜能盛装气水样品并提供水合物生

成环境，高低温交变试验箱可控制反应釜内水合物生成环境温度，水合物生成过程可通过可视化蓝宝石观察窗实时观测。

2. 实验原理

观察法是通过观察水合物的生成来确定水合物相平衡数据，该方法要求反应釜可视化。观察法测量相平衡的判断准则是通过定压降温使反应釜内生成一定量水合物，以测定不同压力下水合物的生成温度，可以直接观察到反应釜内水合物生成变化过程。

3. 实验步骤

（1）实验准备：用蒸馏水反复清洗变体积高压反应釜内部，洗净后擦干并烘干，连接管路；

（2）加水样：向釜体内加入实验水样，水样液面应处于观察窗的中部，以便观察生成过程；

（3）抽真空：通过真空泵对反应釜进行抽真空，确保反应釜中没有空气；

（4）升温：启动高低温交变试验箱，将反应釜升温至40℃以上，以防止高压下气水接触后在室温条件下直接生成水合物；

（5）加气样：向釜体内充入实验气样，通过高压驱替泵将釜内恒定至实验设计压力；

（6）降温：将高低温交变试验箱以恒定速率降温，降温梯度：0.1~0.2℃/min；

（7）图像采集：利用计算机图像采集系统对反应釜内水合物生成画面进行实时采集，当观察到反应釜中有少量水合物晶体生成时，记录下此时的温度，此温度即为该压力下水合物生成温度；

（8）改变实验压力，重复步骤（4）~（7）。

4. 实验条件

1）水合物实验用气样

水合物生成实验用气样是采用井流物还是分离器气样，为明确这一问题，利用大北202井、大北101-5井井流物对水合物生成温度进行计算，计算结果再与分离器气样水合物生成温度对比，如图6-3和图6-4所示。从图中可以看出，利用井流物与分离器气样（表6-1）计算出的水合物生成线几乎重合，说明本项目采用大北202井与大北101-5井的分离器气样进行水合物生成实验是合理且可靠的。

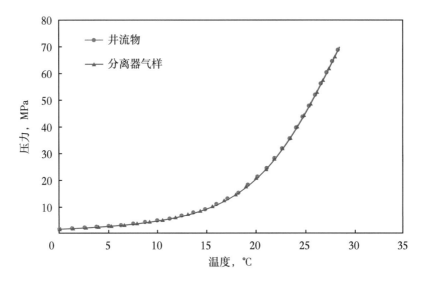

图 6-3　大北 202 井井流物与分离器气样水合物生成温度对比

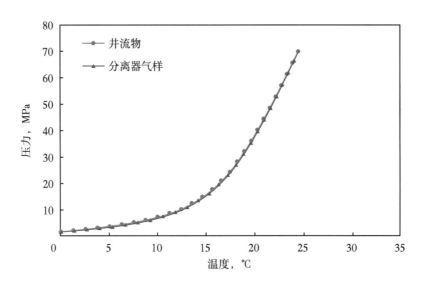

图 6-4　大北 101-5 井井流物与分离器气样水合物生成温度对比

表 6-1　分离器气组分

组分	含量，%（摩尔分数）	
	大北 202	大北 101-5
CO_2	0.5444	0.4332
N_2	0.4399	0.4454
C_1	96.6011	96.1467

续表

组分	含量，%（摩尔分数）	
	大北 202	大北 101-5
C_2	1.8824	2.2873
C_3	0.3021	0.3946
iC_4	0.0705	0.0915
nC_4	0.0784	0.1007
iC_5	0.0356	0.0461
nC_5	0.0281	0.0344
C_6	0.0176	0.0201

2）水合物实验用水样

伴随着地层压力的下降，气井产出水类型也随之变化，目前对凝析气藏产出水分类尚无统一标准，但在生产现场通常采用 Cl^- 含量进行水型划分，参照文献资料（姚茂堂，2020）对凝析气藏产出水进行分类，凝析气藏水型分类的主控指标为 Cl^- 含量，其分类见表 6-2。凝析水是指 Cl^- 含量低于 5000mg/L 的产出水，共存水是指生产过程中产出水由凝析水过渡到地层水的混合水，Cl^- 含量为 5000~70000mg/L，地层水是指 Cl^- 含量高于 70000mg/L 的产出水，去离子凝析水是指不含有任何矿物离子的纯水。

表 6-2　凝析气藏产水分类

凝析气藏产出水分类	Cl^- 含量，mg/L
凝析水	＜ 5000
共存水	5000~70000
地层水	＞ 70000

对大北 202 与 DB101-5 两口井的地层水样进行离子含量与矿化度分析，实验标准参照 SY/T 5523—2016，实验仪器采用 AA-7020 型原子吸收分光光度计与瑞典万通公司 883 型离子色谱仪。结合凝析水分类判别标准可知，大北 202 井的地层水样 Cl^- 含量为 606.5mg/L，属于凝析水，总矿化度为 5040mg/L，矿化度较低；DB101-5 井的地层水样 Cl^- 含量为 99763.5mg/L，属于地层水，总矿化度为 254470mg/L，矿化度较高，见表 6-3。

187

表 6-3　实验用水离子浓度

离子类型	地层水	凝析水	共存水
	DB101-5	大北 202	配制
Na^+	62132.06	38.79	31085.42
Ca^{2+}	8684.88	9.81	4347.34
Mg^{2+}	586.72	0.42	293.57
Sr^{2+}	986.00	0.68	493.34
K^+	17116.23	545.90	8831.07
Cl^-	99763.50	606.50	50185.00
Ba^{2+}	140.52		70.26
Fe^{2+}	3.04		1.52
SO_4^{2-}	437.25		218.63
矿化度，mg/L	254470.00	5040	129755.00

　　针对气组分对水合物生成影响实验测试，采用大北两口井的气体和去离子凝析水进行不同压力下的水合物生成温度测试，压力范围 5~70MPa，共测试 5 个压力点。针对产出水性质对水合物生成影响实验测试，采用大北两口井的气体和不同矿化度的水进行不同压力下的水合物生成温度测试，压力范围 5~70MPa，共测试 5 个压力点。见表 6-4。

表 6-4　水合物生成静态实验测试条件

实验项目	实验条件	备注
气组分对水合物生成影响实验测试	气：大北 202、DB101-5 气体； 水：去离子凝析水	2 组静态实验
产出水性质对水合物生成影响实验测试	气：大北 202、DB101-5 气体； 水：凝析水、共存水、地层水	6 组静态实验

二、水合物堵塞形成过程

1. 气组分对水合物生成影响实验

（1）不同压力下大北 202 井气样与去离子水形成水合物临界温度对比（表 6-5，

图 6-5)。

表 6-5 不同压力下大北 202 井气样与去离子水形成水合物临界温度

压力，MPa	温度，℃
5	10.3
15	18.1
30	22.3
50	25.6
70	28.4

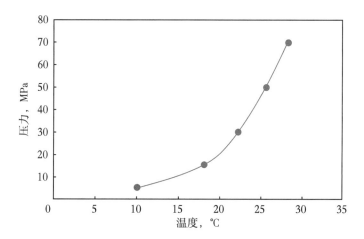

图 6-5 不同压力下 DB202 井气样与去离子水形成水合物临界温度

（2）不同压力下 DB101-5 井气样与去离子水形成水合物临界温度对比（表 6-6，图 6-6 ）。

表 6-6 不同压力下 DB101-5 井气样与去离子水形成水合物临界温度

压力，MPa	温度，℃
5	11.3
15	18.5
30	22.7
50	26.5
70	28.8

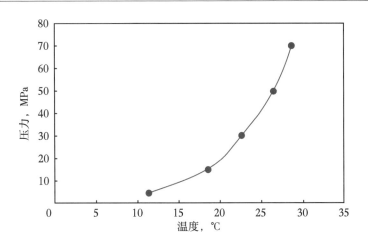

图 6-6　不同压力下 DB101-5 井气样与去离子水形成水合物临界温度

（3）不同气样与去离子凝析水形成水合物临界温度对比。

对大北 202、DB101-5 井气样与去离子凝析水在不同压力下形成水合物临界温度作图，如图 6-7 所示，由此可见，随着压力升高，水合物生成临界温度升高。天然气组分是决定是否生成水合物的内因，组分不同的天然气，水合物形成温度不一样。由大北 202 井与 DB101-5 井的气样组分可知：大北 202 井气样组成中甲烷含量为 96.60%，天然气总的分子量为 16.71g/mol，天然气密度为 0.7029g/L；DB101-5 井气样的甲烷含量为 96.15%，天然气总的分子量为 16.78g/mol，天然气密度为 0.7059g/L。对 DB202 井、DB101-5 井气样与去离子凝析水形成水合物临界温度对比如图 6-7 所示，由此可知，大北 202 井与 DB101-5 井的水合物形成临界温度相近，其原因是两口井的组分含量相近，甲烷均为 96% 左右。

为分析气组分中甲烷含量对水合物形成临界温度的影响，采用不同气体组分进行水合物形成临界温度计算，不同气体组分见表 6-7。当甲烷含量为 94.06% 与 90.16% 时，得到不同甲烷含量的水合物形成临界温度对比见表 6-8 和表 6-9 及图 6-8。由此可见，天然气组分越轻，甲烷含量越高，其形成水合物的临界温度越低。

表 6-7　分离器气组分

组分	含量，%（摩尔分数）			
	大北 202	DB101-5	克深 131	DN2-7
CO_2	0.5444	0.4332	1.8590	0.2511
N_2	0.4399	0.4454	1.5380	0.3125

续表

组分	含量，%（摩尔分数）			
	大北 202	DB101-5	克深 131	DN2-7
C_1	96.6011	96.1467	94.0600	90.1552
C_2	1.8824	2.2873	2.1691	7.2125
C_3	0.3021	0.3946	0.2282	1.3497
iC_4	0.0705	0.0915	0.0482	0.2569
nC_4	0.0784	0.1007	0.0480	0.2767
iC_5	0.0356	0.0461	0.0228	0.0941
nC_5	0.0281	0.0344	0.0123	0.0644
C_6	0.0176	0.0201	0.0144	0.0271

表 6-8 不同气样与去离子凝析水形成水合物临界温度对比

压力，MPa	形成水合物临界温度，℃	
	大北 202	DB101-5
5	10.3	11.3
15	18.1	18.5
30	22.3	22.7
50	25.6	26.5
70	28.4	28.8

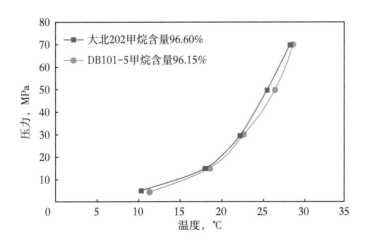

图 6-7 大北 202 与 DB101-5 井气样与去离子凝析水形成水合物临界温度对比

表 6-9　不同甲烷含量的气样与去离子凝析水形成水合物临界温度对比

压力，MPa	形成水合物临界温度，℃			
	大北 202 甲烷含量 96.60%	DB101-5 甲烷含量 96.15%	克深 131 甲烷含量 94.06%	DN2-7 甲烷含量 90.16%
5	10.3	11.3	13.32	14.41
15	18.1	18.5	20.29	21.15
30	22.3	22.7	24.05	24.79
50	25.6	26.5	27.26	27.98
70	28.4	28.8	29.67	30.41

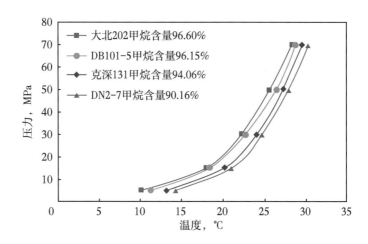

图 6-8　不同甲烷含量的气样与去离子凝析水形成水合物临界温度对比

2. 产出水性质对水合物生成影响实验

1）大北 202 井气样与不同产出水形成水合物临界温度对比

（1）不同压力下大北 202 井气样与凝析水形成水合物临界温度（表 6-10，图 6-9）。

表 6-10　不同压力下大北 202 井气样与凝析水形成水合物临界温度

压力，MPa	温度，℃
5	10.2
15	17.9
30	22.1
50	25.5
70	28.3

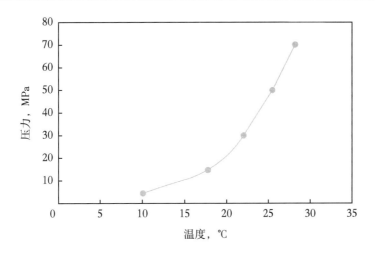

图 6-9 不同压力下大北 202 井气样与凝析水形成水合物临界温度

（2）不同压力下大北 202 井气样与共存水形成水合物的临界温度（表 6-11 和图 6-10）。

表 6-11 不同压力下大北 202 井气样与共存水形成水合物临界温度

压力，MPa	温度，℃
5	8.6
15	16.2
30	20.3
50	23.8
70	26.5

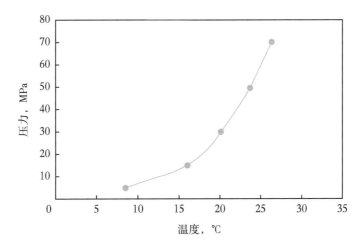

图 6-10 不同压力下大北 202 井气样与共存水形成水合物临界温度

（3）不同压力下大北 202 井气样与地层水形成水合物临界温度（表 6-12 和图 6-11）。

表 6-12　不同压力下大北 202 井气样与地层水形成水合物临界温度

压力，MPa	温度，℃
5	7.1
15	14.5
30	18.6
50	22.3
70	24.9

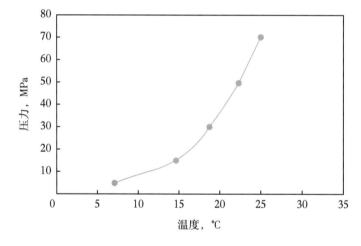

图 6-11　不同压力下大北 202 井气样与地层水形成水合物临界温度

2）DB101-5 井气样与不同产出水形成水合物临界温度对比

（1）不同压力下 DB101-5 井气样与凝析水形成水合物临界温度（表 6-13 和图 6-12）。

表 6-13　不同压力下 DB101-5 井气样与凝析水形成水合物临界温度

压力，MPa	温度，℃
5	11
15	18.3
30	22.5
50	26.4
70	28.4

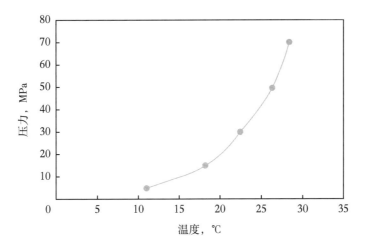

图 6-12　不同压力下 DB101-5 井气样与凝析水形成水合物临界温度

（2）不同压力下 DB101-5 井气样与共存水形成水合物临界温度（表 6-14
和图 6-13）。

表 6-14　不同压力下 DB101-5 井气样与共存水形成水合物临界温度

压力，MPa	温度，℃
5	9.7
15	16.7
30	20.9
50	24.4
70	26.5

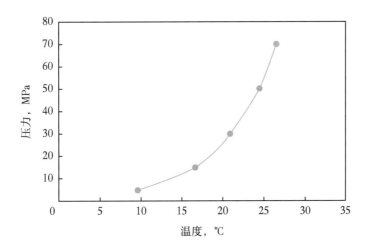

图 6-13　不同压力下大北 101-5 井气样与共存水形成水合物临界温度

（3）不同压力下 DB101-5 井气样与地层水形成水合物临界温度（表 6-15 和图 6-14）。

表 6-15　不同压力下 DB101-5 井气样与地层水形成水合物临界温度

压力，MPa	温度，℃
5	7.6
15	14.7
30	18.5
50	22.3
70	24.8

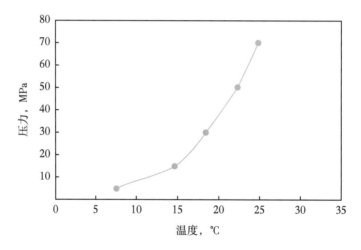

图 6-14　不同压力下 DB101-5 井气样与地层水形成水合物临界温度

3）产出水性质对水合物生成影响规律

对大北 202、DB101-5 井气样与不同产出水（凝析水、共存水、地层水）形成水合物临界温度对比见表 6-16，如图 6-15 和图 6-16 所示，由此可知：同一压力条件下，凝析水形成水合物的临界温度最高，共存水次之，地层水最小，说明天然气从井中带出的地层水的矿化度越高，水合物形成温度越低，无机盐对水合物生成具有抑制效果，其原因主要是盐离子在水溶液中产生离子效应，破坏了其离解平衡，同时也改变了水合离子的平衡常数，因而对水合物的形成有一定的影响。

表 6-16　大北 202、DB101-5 井气样与不同产出水形成水合物临界温度对比

井号	压力 MPa	温度，℃		
		凝析水	共存水	地层水
大北 202	5	10.2	8.6	7.1
	15	17.9	16.2	14.5
	30	22.1	20.3	18.6
	50	25.5	23.8	22.3
	70	28.3	26.5	24.9
DB101-5	5	11	9.7	7.6
	15	18.3	16.7	14.7
	30	22.5	20.9	18.5
	50	26.4	24.4	22.3
	70	28.4	26.5	24.8

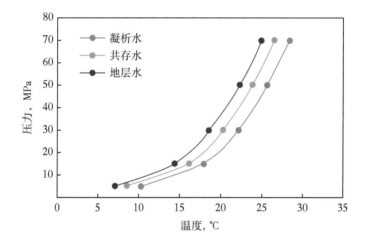

图 6-15　大北 202 井气样与不同产出水形成水合物临界温度对比

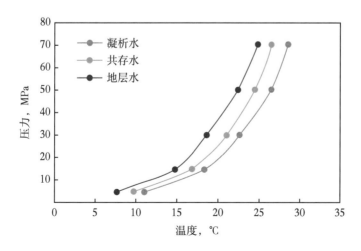

图 6-16　DB101-5 井气样与不同产出水形成水合物临界温度对比

70MPa下不同产出水类型对水合物临界生成温度如表6-17和图6-17所示。由此可见，矿化度与水合物形成温度呈线性关系，每升高10000ppm矿化度对应降低水合物温度0.14℃。

表6-17 70MPa下不同产出水类型对水合物临界生成温度影响

产出水类型	地层水	凝析水	共存水	去离子水
来源	DB101-5	大北202	配制	制作
矿化度，mg/L	254470.00	5040	129755.00	0
水合物形成温度，℃	24.9	28.3	26.5	28.4

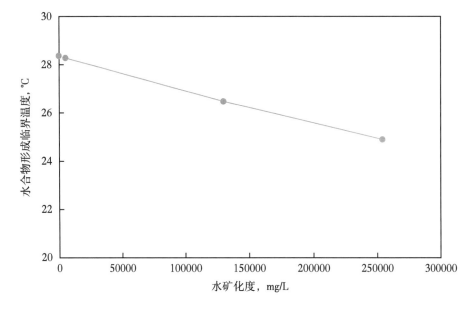

图6-17 70MPa下不同产出水类型对水合物临界生成温度对比

第二节 深层气井水合物预测方法

一、水合物影响因素

1.天然气组分

天然气组分是决定是否生成水合物的内因，组分不同的天然气，水合物形成温度不一样。甲烷含量越高，其形成水合物的温度就越低；压力越高，组分对水合物生成的温度影响就越小，压力越低，影响就相对较大；组分差别越大的气体，其水合物生成条件也相差越大。当只有甲烷气体时，生成的是Ⅰ型水合物，相平衡曲线随着乙烷含量的增加逐渐向右移动，当含量达10%后，再增加乙烷含量，相平衡曲线右移的幅度变小。说明乙烷对水合物生成有促进作用，但这种促进作用随着含量的增加而逐渐减小。丙烷对水合物生成促进效果大于乙烷，同时加入乙烷和丙烷，效果处于两者之间。这是由于Ⅱ型天然气水合物由两种大小不同的笼型空腔组成，其中小空腔为十二面体五边形，大空腔为十六面体，丙烷分子较大，较乙烷更适合与大空腔形成包络，因而其促进效果更好（韦钦胜，2007）。如图6-18和图6-19所示。

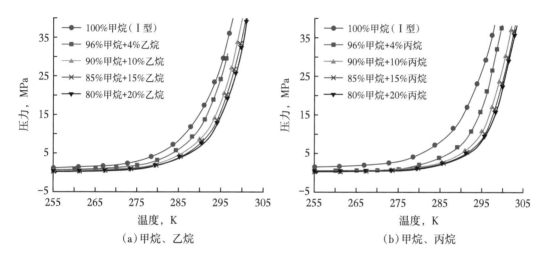

图6-18　不同含量气体相平衡曲线（一）

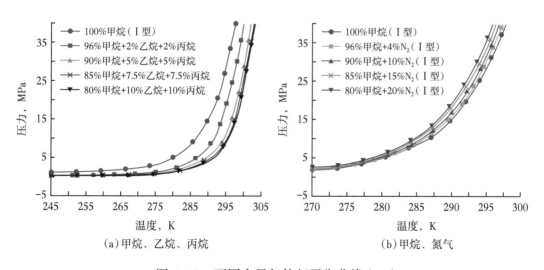

图6-19　不同含量气体相平衡曲线（二）

2. 酸性气体

对于同组分气体，酸性气体的含量越高，其形成水合物的温度越高，特别是 H_2S 的含量增加，水合物温度变化最敏感。因为 H_2S 和 CO_2 均属于酸性气体，相比于碳氢化合物更易溶解于水，与水分子形成笼型结构，且同等条件下，H_2S 比 CO_2 与水接触更充分，另外 CO_2 在温度、压力较高时还有还原作用，因此 H_2S 对天然气水合物的促进作用更好。在压力不变的条件下，气体组分中酸性气体含量的增加会导致水合物对应生成的温度上升，即酸性气体含量越高的天然气越容易形成水合物。如图 6-20 所示。

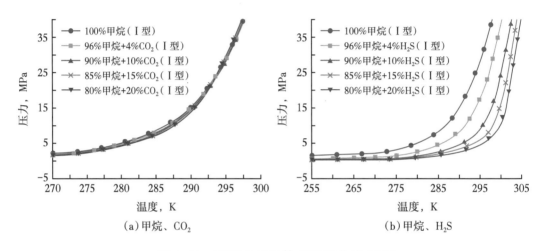

（a）甲烷、CO_2　　　　　　　　（b）甲烷、H_2S

图 6-20　不同含量气体相平衡曲线（三）

3. 矿化度

对于含电解质的水溶液，其水合物的形成温度将会降低，这主要是由于离子在水溶液中产生离子效应，破坏了其离解平衡，同时也改变了水合离子的平衡常数，因而对水合物的形成有一定的影响。实验证明：天然气从井中带出的地层水的矿化度越高，水合物形成温度越低。经分析，这与溶液中水的活度系数有关。在水溶液中含有相同摩尔数的氯化物，随着离子电荷数的增多，水的活度系数降低，即 $AlCl_3 < CaCl_2 < KCl$。水的活度系数与水相中不同的盐离子引起的水的混乱度以及离子的表面电荷等有关。离子电荷数越多，表面电荷越大，离子与水分子之间的相互作用力越强，水的混乱度越明显，相应地水的活度越低。水的活度越低越不易形成水合物。因此，$AlCl_3$ 溶液中甲烷水合物的生成条件要比 KCl 的高，并且水合物稳定存在的范围也小。

如图 6-21 所示，加入 $NaCl$ 对水合物生成有抑制作用，且随着含量增加，曲线向左偏移量越来越大，单位含量抑制效果逐渐增大。加入 $MgCl_2$ 与加入 NaCl 效果相同，随着含量增加，其单位含量抑制效果增加趋势更明显，抑制效果更好，5% 的 $MgCl_2$ 对水合物的抑制效果甚至超过了 8% 的 NaCl。产生这种现象的原因是无机盐会在水中溶解进而产生带电的离子，形成强电场，这种电场会破坏水合物笼型结构，形成水合物晶格过程中需要额外的能量来消除这种强电场带来的破坏，因而无机盐对水合物生成具有抑制效果，$MgCl_2$ 形成的电场强，抑制效果更好。

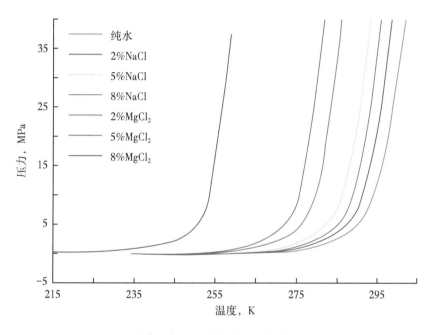

图 6-21 不同盐类对水合物相平衡曲线的影响对比

4. 抑制剂

在水合物生成体系中加入甲醇后，相平衡曲线向左偏移，说明甲醇对水合物生成有抑制作用，每增加 5% 的含量，其向左偏移量大致相等，说明含量的累积不会影响其单位含量的抑制效果。乙醇对水合物也表现出抑制作用，但随着含量的增加，其偏移幅度逐渐减小，说明当含量累积到一定程度时，单位含量乙醇抑制效果逐渐减弱。甲醇乙醇混合剂的抑制效果介于甲醇、乙醇之间，含量越大，这一趋势更明显，造成这种现象的原因是由于加入甲醇后会在气—水体系中形成了非电荷基团，该基团与水分子结合，降低了水分子活度，降低了水合物结构中氢键的生成效率，因而对水合物有抑制作用。抑制剂含量越大，非电荷基团越多，抑制作用越强，但单个基团抑制性能基本不变。加入乙醇，虽然也能形成非电荷基团，但随着基团的增多，其单个基团抑制性能实际在变小，因而乙醇表现出随着总含量的累积，单位含量乙醇抑制效果逐渐减弱的规律。如图 6-22 和图 6-23 所示。

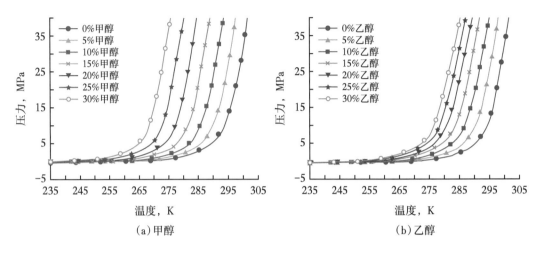

（a）甲醇　　　　　　　　　　　　（b）乙醇

图 6-22　不同含量对相平衡曲线的影响

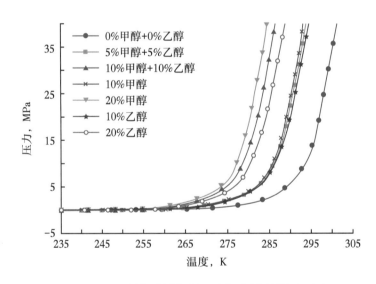

图 6-23　不同抑制剂对相平衡曲线的影响对比

二、水合物预测模型

1. 静态热力学模型

水合物生成预测模型主要包括经验公式预测模型、以 Vdw-P 模型为基础建立的多种热力学预测模型。经验公式法对含酸性气体的水合物预测精度较差，且预测的温度压力范围有限，对高压气井水合物生成条件的预测精度较差。目前的商业计算软件都是以经典统计热力学预测模型为基础，热力学预测模型最初由 Van der Waals 和 Platteeuw（1959）提出，称为 Vdw-P 模型，该模型基于经典吸附理论建立，其优点是计算过程简洁明了，比较适合矿场对水合物形成条件的初步估算；缺点是精度较低，理论十分复杂，但后面的 P—P 模型、N—R 模型、Du—Guo 模型与 Chen—Guo 模型都是建立在此模型基础之上。基于 Vdw—P 模型，Parrish 和 Prausnitz（1972）引入了 Langmuir 常数的计算表达式，使得模型能适用于含醇类抑制剂体系，但 P—P 模型对含醇类抑制剂与电解质的多元混合体系预测精度不高。因此，本项目将在 P—P 模型的基础上，结合 Munck 模型、Ballard 模型、Nasrifa 模型及 Sloan 模型对多元电解质混合体系的活度计算的修正方法，建立适用于高压气井水合物生成条件的预测模型。

Vdw-P 模型中，纯水状态转变为水合物状态包含两个过程：首先纯水相（α 相）转化为空水合物相（β 相），然后空水合物相到填充了气体的水合物晶体格（H 相）和 W 相（富水相）。由于物质都是趋于能量最低，才能保持稳定，故保持哪一种水合物相是由该状态下化学位的高低决定。因为水具有较低的挥发度，且水和烃不互溶，故气相中和液态烃中的水所占比例可忽略。所以，水在富水相的化学位和其在水合物相的化学位是约束相平衡的主要原因，从而建立起平衡条件，即

$$\mu^{H} = \mu^{w} \tag{6-1}$$

式中 μ^{H}——水合物相中水的化学位，J/mol；

$\quad\quad$ μ^{w}——富水相中水的化学位，J/mol。

以水在空水合物晶格中的化学位（μ^{β}）为基准，有下式：

$$\mu^{\beta} - \mu^{H} = \mu^{\beta} - \mu^{W} \tag{6-2}$$

为简化表达式，式（6-2）也可以表示为：

$$\Delta\mu^{H} = \Delta\mu^{w} \tag{6-3}$$

式中 $\Delta\mu^{H}$——空水合物晶格和填充晶格相态的化学位差，J/mol；

$\quad\quad$ $\Delta\mu^{w}$——空水合物晶格和富水相的化学位差，J/mol。

1）水合物相的计算

Van der Waal 和 Platteeuw 提出的初始模型基于以下假设：

（1）每个水合物晶格最多只能容纳一个客体分子；

（2）孔穴被看成球形，并且气体分子和晶格水分子的相互作用力可以用分子间的势能函数描述；

（3）气体分子在晶格中可以自由旋转；

（4）气体分子只与周围晶格水分子相互作用，不同孔穴之间的气体分子没有相互作用；

（5）水分子对水合物自由能的影响与其所包含的气体分子的种类和大小无关。

因此，推导出水在水合物相与空水合物晶格的化学位差的计算公式为：

$$\Delta\mu^{H} = -RT\sum_{m}v_{m}\ln\left(1-\sum_{l}\theta_{ml}\right)$$

$$\theta_{ml} = \frac{C_{ml}f_{l}}{1+\sum_{l}C_{ml}f_{l}} \tag{6-4}$$

式中　v_m——晶格中每个水分子所含有的 m 型孔穴数；

$\quad\quad\theta_{ml}$——气体分子 l 在 m 型孔穴中的占有度；

$\quad\quad f_l$——气体分子在气相中的逸度（与温度和气体分子在气相中的摩尔分数有关）；

$\quad\quad C_{ml}$——Langmuir 气体吸附常数（反映孔穴中气体分子与水之间相互作用力大小）。

水合物结构的孔穴常数见表 6-18。

表 6-18　水合物结构的孔穴常数

参数	Ⅰ型结构	Ⅱ型结构
每单元晶格胞腔中水分子数	46	136
每单元晶格胞腔中小孔穴数	2	16
每单元晶格胞腔中大孔穴数	6	8
v_1	$\frac{1}{23}$	$\frac{2}{17}$
v_2	$\frac{3}{23}$	$\frac{1}{17}$

Langmuir 常数 C_{ml} 和气体组分逸度 f_1 是计算水在水合物相与空水合物晶格化学位差 $\Delta\mu^H$ 中计算量最大的两个参数，而且 $\Delta\mu^H$ 的计算精度主要取决于这两个参数的计算精度。很多学者为提高 Langmuir 常数 C_{ml} 和气体组分逸度 f_1 的计算精度提出和改进了很多计算方法，本项目则选用经典的 P—P 模型进行 Langmuir 常数与气体组分逸度计算。

P—P 模型中对 Langmuir 常数的计算是通过简化 Kihara 势能理论模型而得到，后来很多学者对该模型进行了完善，本项目选用由 Munck 等学者在 P—P 模型基础上改进后的 Langmuir 常数计算方法，其 Langmuir 常数 C_{ml} 的表达式为：

对于结构 I 型和结构 II 型有：

$$C_{ji} = \frac{A_{j1}}{T}\exp\left(\frac{B_{ji}}{T}\right) \tag{6-5}$$

而对结构是 H 型的水合物则有：

$$C_{jt} = \frac{A_{\mu i}^*}{T}\exp\left[\frac{B_{jt}}{T}\left(1-\frac{T}{T_0}\right)\right] \tag{6-6}$$

$$A_{ji}^* = A_{ji}\exp\left(\frac{B_{ji}}{T_0}\right) \tag{6-7}$$

其中参数 A_{ji} 和 B_{ji} 的求取需要对实验数据进行拟合，很多学者通过拟合不同的实验数据而得到不同的 A_{ji} 和 B_{ji} 值，从而拓宽了 P—P 模型的适用范围。本项目选用 Munck 改进模型中的 A_{ji} 和 B_{ji} 参数计算值，该参数值是对单组分与混合组分气体水合物在纯水体系或有抑制剂体系的很多相平衡实验数据进行回归拟合得到，此处的相平衡实验数据来自美国 NIST 水合物数据库。如表 6-19 所示。

表 6-19 Munck 改进 P—P 模型中实验拟合参数 A_{ji} 和 B_{ji} 数值

组分	水合物类型	小孔穴		大孔穴	
		$A_{ij}10^2$ K/MPa	B_{ij} K	$A_{ij}10^2$ K/MPa	B_{ij} K
CH_4	I	0.7228	3187	23.35	2653
	II	0.2207	3453	100	1916
C_2H_6	I	0	0	3.039	3861
	II	0	0	240	2967
C_3H_8	II	0	0	5.455	4638

组分	水合物类型	小孔穴		大孔穴	
		$A_{ij}10^2$ K/MPa	B_{ij} K	$A_{ij}10^2$ K/MPa	B_{ij} K
iC$_4$H$_{10}$	II	0	0	189.3	3800
C$_4$H$_{10}$	II	0	0	30.51	3699
N$_2$	I	4.6170	2905	6.078	2431
	II	0.1742	3082	18	1728
CO$_2$	I	0.2474	3410	42.46	2813
	II	0.0845	3615	851	2025
H$_2$S	I	0.0250	4568	16.38	3737
	II	0.0298	4878	87.2	2633

气体组分在气相和液相的逸度的通常通过状态方程计算得到，由于 PR 方程在实际工程计算中应用非常广泛，且在计算气体蒸汽压和液体密度等方面准确性较高。采用 PR 方程计算气体逸度，PR 方程具体表达形式为

$$p = \frac{RT}{V-b} - \frac{a\alpha(T)}{V(V+b)+b(V-b)} \qquad (6-8)$$

$$a_i = 0.45724 \frac{R^2 T_{ci}^2}{p_{ci}} \qquad (6-9)$$

$$b_i = 0.07780 \frac{RT_{ci}}{p_{ci}} \qquad (6-10)$$

$$\alpha(T) = \left[1 + m_i \left(1 - T_{ri}^{0.5}\right)\right]^2 \qquad (6-11)$$

$$m_i = 0.37464 + 1.54226\omega_i - 0.26992\omega_i^2 \qquad (6-12)$$

式中　p_c——临界压力，MPa；

　　　T_c——临界温度，K；

　　　T_r——对比温度，K；

　　　ω——偏心因子；

　　　P——体系压力，MPa；

　　　T——体系温度，K；

R——理想气体常数；

V——气相或者液相的体积，m^3。

对于混合气体来说，当 PR 方程应用于混合物时表达式为

$$p = \frac{RT}{V - b_m} - \frac{a_m(T)}{V(V + b_m) + b_m(V - b_m)} \quad (6-13)$$

式中　a_m 和 b_m 仍使用经典的随机混合规则（二次型混合规则）表征混合物分子间的引力和斥力状态方程参数。

其中，a_m 和 b_m 表达式为：

$$a_m(T) = \sum_{i=1}^{n}\sum_{j=1}^{n} x_i x_j \left(a_i a_j \alpha_i \alpha_j\right)^{0.5}\left(1 - k_{ij}\right) \quad (6-14)$$

$$b_m = \sum_{i=1}^{n} x_i b_i \quad (6-15)$$

由此可得到 PR 方程的逸度表达式为：

$$\ln\left(\frac{f_i}{x_i p}\right) = \frac{b_i}{b_m}(Z_m - 1) - \ln(Z_m - B_m) - \frac{A_m}{2\sqrt{2}B_m} \times \\ \left(\frac{2\psi_j}{a_m} - \frac{b_i}{b_m}\right)\ln\left(\frac{Z_m + 2.414 B_m}{Z_m - 0.414 B_m}\right) \quad (6-16)$$

其中 ψ_j 表达式为：

$$\psi_j = \sum_{j}^{n} x_j \left(a_i a_j \alpha_i \alpha_j\right)^{0.5}\left(1 - k_{ij}\right) \quad (6-17)$$

根据式（6-16）可得到混合气体组分的逸度，结合 Langmuir 常数的表达式，代入水合物相的计算式可得到水合物相的化学位差。

2）富水相的计算

Saito（1964 年）等在 Vdw-P 模型基础上给出了水在富水相（包括水相和冰相）的化学位计算式，即 $\Delta\mu^w$ 表示如下：

$$\frac{\Delta\mu_w^\alpha}{RT} = \frac{\Delta\mu_w^0}{RT_0} - \int_{T_0}^{T} \frac{\Delta h_w}{RT^2}dT + \int_{T_0}^{T} \frac{\Delta V_w}{RT}\left(\frac{dP}{dT}\right)dT \quad (6-18)$$

式中 $\Delta\mu_{\rm w}^0$——参考态下水在空水合物晶格与冰之间的化学位差，J/moI；

T_0——参考温度，273.15K；

p_0——参考压力（值为 0），MPa；

$\Delta h_{\rm w}$——空水合物晶格与液态纯水或冰相的摩尔焓差，J/mol；

$\Delta V_{\rm w}$——空水合物晶格与液态纯水或冰相的摩尔体积差，m³/mol。

对于含溶质的富水相，Holde 等认为摩尔体积差 $\Delta V_{\rm w}$ 与温度无关，进而简化了上面的公式。本项目采用 Holde 等提出的公式，其表达式为：

$$\frac{\Delta\mu_{\rm w}^\alpha}{RT} = \frac{\Delta\mu_{\rm w}^0}{RT_0} - \int_{T_0}^{T}\frac{\Delta h_{\rm w}}{RT^2}{\rm d}T + \int_0^P\frac{\Delta V_{\rm w}}{RT}{\rm d}p - \ln(a_{\rm w}) \qquad (6\text{-}19)$$

$$\Delta h_{\rm w} = \Delta h_{\rm w}^0 + \int_{T_0}^{T}\Delta C_{\rm pw}{\rm d}T \qquad (6\text{-}20)$$

$$\Delta C_{\rm pw} = \Delta C_{\rm pw}^0 + \beta(T - T_0) \qquad (6\text{-}21)$$

式中 $a_{\rm w}$——水的活度；

$\Delta h_{\rm w}^0$——T_0 时水在空水晶格与纯水相的摩尔焓差，J/mol；

$\Delta C_{\rm pw}^0$——T_0 时水在空水晶格与纯水相的摩尔热容差，J/（mol·K）；

β——常数。

水合物参考物性数据见表 6-20。

表 6-20　水合物参考物性数据

参数	Ⅰ 型结构		Ⅱ 型结构	
$\Delta\mu_{\rm w}^0$，J/mol	1120		931	
$\Delta h_{\rm w}^0$，J/mol	$T < T_0$	1714	$T < T_0$	1400
	$T > T_0$	-4297	$T > T_0$	-4611
$\Delta V_{\rm w}$，mL/mol	$T < T_0$	2.9959	$T < T_0$	3.39644
	$T > T_0$	4.5959	$T > T_0$	4.99644
$\Delta C_{\rm pw}^0$，J/（mol·K）	$T < T_0$		$T < T_0$	
	3.315+0.0121（$T-T_0$）		1.029+0.00377（$T-T_0$）	
$\Delta C_{\rm pw}^0$，J/（mol·K）	$T > T_0$		$T > T_0$	
	-34.583+0.189（$T-T_0$）		-36.8607+0.1809（$T-T_0$）	

对于醇溶液中水的活度，本项目采用 Nasrifa 的计算方法。该方法中对于水的活度 $a_{\rm w}$ 采用 Marguls 方程：

$$\begin{cases} \ln\left(a_{w}/x_{w}\right) = \left(1-x_{w}\right)^{2}\left[A+2\left(A-B\right)x_{w}\right] \\ A = a_{1}+a_{2}10^{-3}T \\ B = b_{1}+b_{2}10^{-3}T \end{cases} \quad (6-22)$$

式中　x_{w}——无电解质的情况下水溶液中水的摩尔分数。

参数 a_{1}、a_{2}、b_{1}、b_{2} 的取值如表 6-21 所示。

表 6-21　参数 a_{1}、a_{2}、b_{1}、b_{2} 常数值

醇类抑制剂	a_1	a_2	b_1	b_2
甲醇	−5.847	27.088	−2.823	19.64
乙二醇	190.3	−50.0	398.275	50.0

混合电解质溶液里的离子缔合作用，会降低溶质的平均活度系数。为减小活度系数的计算偏差，必须考虑离子缔合的影响。由于 Sloan 活度计算方法中没有考虑离子缔合的影响，在 Sloan 活度计算方法基础之上考虑离子缔合的影响，改进并化简后的活度计算式为

$$\begin{aligned} \ln\gamma_{\pm MX} = {} & \frac{1}{2}\left|z_{M}z_{X}\right|f'(I) + \left(\frac{2\nu_{M}}{\nu}\right)\sum_{a}m_{a}\left[B_{Ma}+\left(\sum mz\right)C_{Ma}\right] + \\ & \left(\frac{2\nu_{X}}{\nu}\right)\sum_{c}m_{c}\left[B_{cX}+\left(\sum mz\right)C_{cX}\right] + \\ & \sum_{c}\sum_{a}m_{c}m_{a}\left[\left|z_{M}z_{X}\right|B'_{ca}+\frac{2\nu_{M}z_{M}C_{ca}}{\nu}\right] \end{aligned} \quad (6-23)$$

式中　$f'(I)$ 为长程作用项；

　　　$B_{Ma}(I)$，$B'_{ca}(I)$——二粒子作用项；

　　　C_{Ma}，C_{ca}——三粒子作用项。

2. 模型求解

水合物生成静态预测模型是基于相平衡的原理进行求解，即水在水合物相的化学位差与其在富水相的化学位差相等，从而建立起平衡条件。同时，水合物相中考虑 Langmuir 常数与气体组分逸度的影响，富水相中考虑抑制剂（醇或电解质）体系的影响。给定水合物生成压力，当水合物相与富水相的化学位差相等时，计算得到其对应压力下的水合物生成温度。水合物生成静态预测模型求解流程如图 6-24 所示。

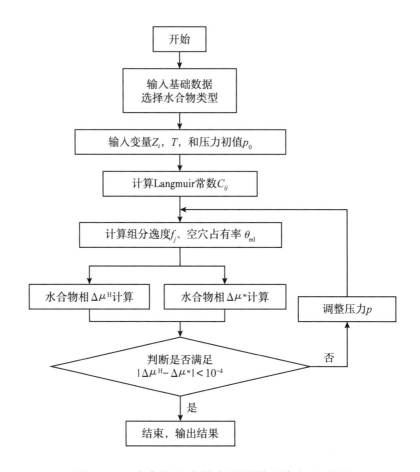

图 6-24　水合物生成静态预测模型求解流程图

3. 预测图版

1）模型验证

为验证项目研究建立的水合物生成静态预测模型的准确性，将模型计算值、前文水合物实验测试值以及 PVTsim 计算值进行了对比。水合物实验测试值采用大北 202 井与 DB101-5 井的去离子水、大北 202 井凝析水以及 DB101-5 井地层水分别测试得到的水合物生成临界温度压力值，验证无抑制剂与有抑制剂体系下本模型的适用性与准确性。不同产出水的水合物临界温度实验测试值与预测值对比见表 6-22，作图对比如图 6-25 至图 6-32 所示，PVTsim 预测值与本模型预测值相对误差对比如图 6-33 至图 6-40 所示。

由此可见，PVTsim 预测值与实验值之间的相对误差范围为 0.09%~2.95%，模型预测值与实验值之间的相对误差范围为 0.02%~2.86%，模型的相对误差范围更小且与 PVTsim 预测值相近，说明所建模型适用于高压气井的水合物生成条件预测，计算结果可靠性高。

表 6-22　不同产出水的水合物临界温度实验测试值与预测值对比

产出水分类	压力 MPa	实验测试温度 ℃	PVTsim 预测温度 ℃	本模型预测温度 ℃	PVTsim 预测相对误差，%	本模型预测相对误差，%
大北 202 井（去离子水）	5	10.3	10.00	10.38	2.95	0.80
	15	18.1	17.67	17.90	2.38	1.09
	30	22.3	22.16	22.40	0.64	0.46
	50	25.6	25.86	25.84	1.01	0.93
	70	28.4	28.58	28.42	0.63	0.07
大北 202 井（凝析水）	5	10.2	9.99	10.12	2.02	0.75
	15	17.9	17.67	17.90	1.29	0.02
	30	22.1	22.51	22.65	1.85	2.48
	50	25.5	25.86	25.84	1.40	1.33
	70	28.3	28.52	28.42	0.78	0.42
大北 202 井（共存水）	5	8.6	8.85	8.73	2.91	1.51
	15	16.2	16.53	16.61	2.04	2.53
	30	20.3	20.61	20.76	1.53	2.27
	50	23.8	24.09	24.21	1.22	1.72
	70	26.5	26.81	26.79	1.17	1.09
大北 202 井（地层水）	5	7.1	7.24	7.31	1.97	2.86
	15	14.5	14.64	14.83	0.97	2.28
	30	18.6	18.62	18.91	0.11	1.67
	50	22.3	22.09	22.26	0.94	0.18
	70	24.9	24.69	24.76	0.84	0.56
DB101-5 井（去离子水）	5	11.3	11.21	11.26	0.80	0.35
	15	18.5	18.30	18.58	1.06	0.45
	30	22.7	22.72	22.88	0.09	0.79
	50	26.5	26.04	26.45	1.72	0.18
	70	28.8	28.63	28.76	0.59	0.14

续表

产出水分类	压力 MPa	实验测试温度 ℃	PVTsim 预测温度 ℃	本模型预测温度 ℃	PVTsim 预测相对误差，%	本模型预测相对误差，%
DB101-5 井（凝析水）	5	11	11.1	11.06	0.91	0.55
	15	18.3	18.56	18.82	1.42	1.31
	30	22.5	22.62	22.89	0.53	1.73
	50	26.4	25.98	26.25	1.59	0.57
	70	28.4	28.62	28.75	0.77	1.23
DB101-5 井（共存水）	5	9.7	9.47	9.72	2.37	0.21
	15	16.7	16.75	17.11	0.30	2.46
	30	20.9	20.71	21.08	0.91	0.86
	50	24.4	23.97	24.56	1.76	0.66
	70	26.5	26.59	27.09	0.34	2.23
DB101-5 井（地层水）	5	7.6	7.65	7.61	0.68	0.11
	15	14.7	14.72	14.78	0.14	0.54
	30	18.5	18.76	19.02	1.41	2.81
	50	22.3	21.96	22.39	1.52	0.40
	70	24.8	24.49	24.89	1.25	0.36

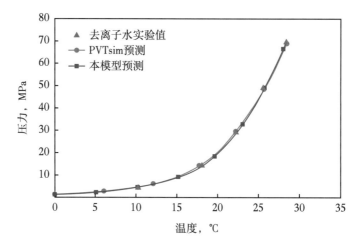

图 6-25 大北 202 井去离子水生成水合物实验值与预测值对比

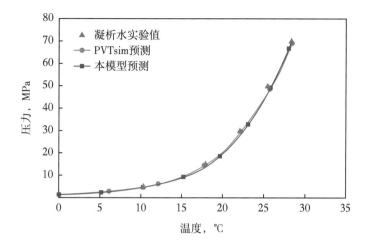

图 6-26　大北 202 井凝析水生成水合物实验值与预测值对比

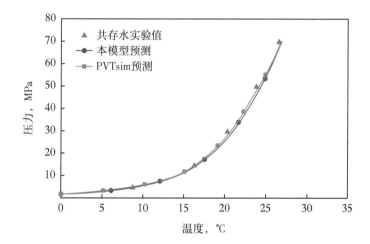

图 6-27　大北 202 井共存水生成水合物实验值与预测值对比

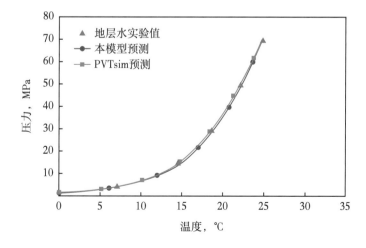

图 6-28　大北 202 井地层水生成水合物实验值与预测值对比

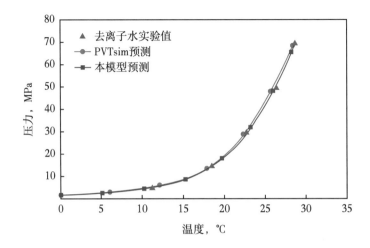

图 6-29　DB101-5 井去离子水生成水合物实验值与预测值对比

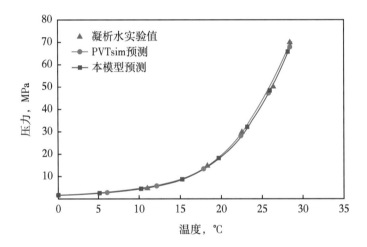

图 6-30　DB101-5 井凝析水生成水合物实验值与预测值对比

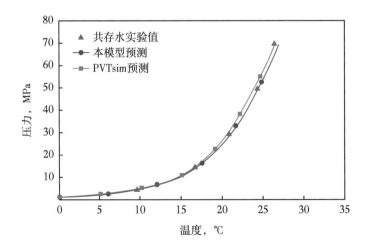

图 6-31　DB101-5 井共存水生成水合物实验值与预测值对比

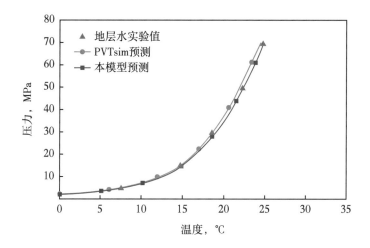

图 6-32 DB101-5 井地层水生成水合物实验值与预测值对比

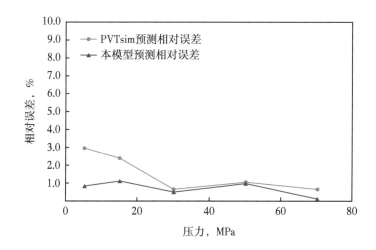

图 6-33 PVTsim 与本模型预测值相对误差对比（大北 202 井去离子水）

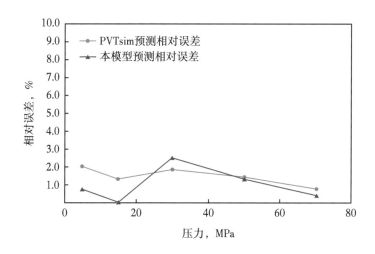

图 6-34 PVTsim 与本模型预测值相对误差对比（大北 202 井凝析水）

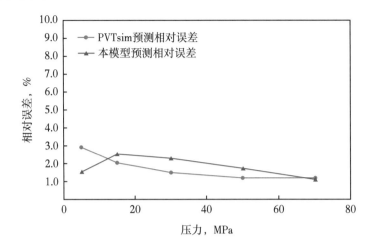

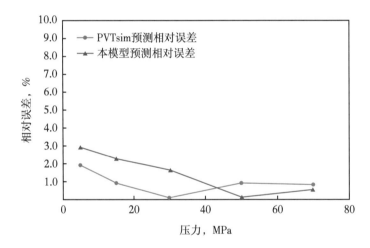

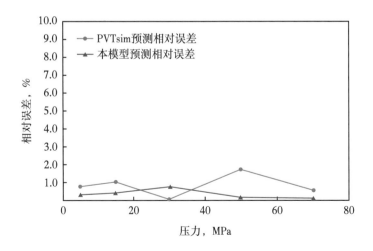

图 6-35　PVTsim 与本模型预测值相对误差对比（大北 202 井共存水）

图 6-36　PVTsim 与本模型预测值相对误差对比（大北 202 井地层水）

图 6-37　PVTsim 与本模型预测值相对误差对比（DB101-5 井去离子水）

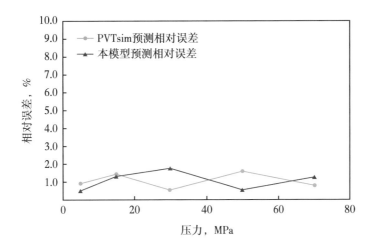

图 6-38　PVTsim 与本模型预测值相对误差对比（DB101-5 井凝析水）

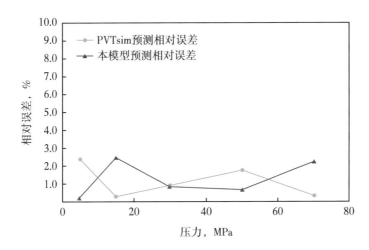

图 6-39　PVTsim 与本模型预测值相对误差对比（DB101-5 井共存水）

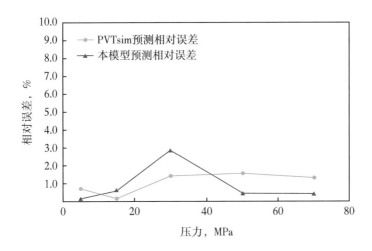

图 6-40　PVTsim 与本模型预测值相对误差对比（DB101-5 井地层水）

2）本模型与不同软件预测水合物生成位置对比

分别使用 PIPESIM、OLGA 两种商业软件和本模型对大北 306 井进行了水合物生成位置计算，得到的水合物生成线和温深曲线对比图如图 6-41 至图 6-43 所示。

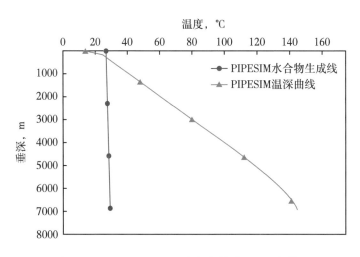

图 6-41　PIPESIM 预测水合物临界生成位置

水合物生成线与温深曲线交点对应的垂深即是水合物生成位置，三种方法的水合物生成位置对比见表 6-23。对比结果表明，本模型计算的水合物生成位置在 PIPESIM 和 OLGA 软件计算结果之间，本模型平均偏差为 -0.33%，OLGA 平均偏差为 1.43%，PIPESIM 平均偏差为 -1.10%。对比结果表明本模型平均偏差最小，计算结果可靠性高，适用于高压气井水合物生成位置预测。

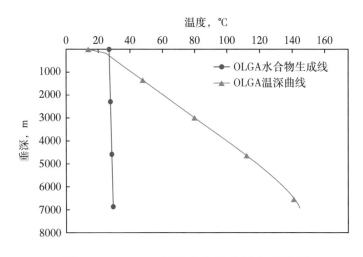

图 6-42　OLGA 预测水合物临界生成位置

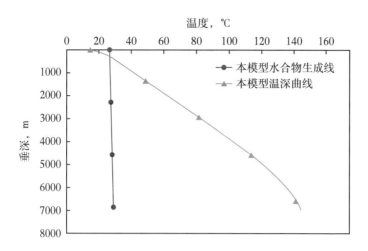

图 6-43　本模型预测水合物临界生成位置

表 6-23　水合物临界生成位置对比表

序号	计算方法	临界生成位置垂深，m	平均偏差，%
1	PIPESIM	288.22	-1.10
2	OLGA	295.59	1.43
3	本模型	290.47	-0.33

第三节　深层气井水合物防治技术

水合物的生成基本原因是天然气中存在游离水在高压低温的环境下通过分子间作用力构建成一种类似冰的物质，在给定天然气组分和游离水条件下只受温度和压力的影响。从水合物的形成机理上，可以从两个方面预防水合物的形成：一是外部的，即降低井筒环境压力，升高井筒环境温度；二是内部的，即降低井筒内水合物的形成温度，升高水合物的形成压力。外部预防途径：提高产量、井筒加热和井下节流；内部预防途径：外加抑制剂。

一、节流降压

安装井下气嘴，在井下实现节流降压，并可利用地层热量对节流后的降温气流进行加热，可以大大降低井筒上部压力和井口压力，防止井筒内形成水合物，提高井口及地面设备安全程度。目前，井下节流技术已在胜利、四川、新疆等油田的气井测试与生产中得到了成功的应用，获得了比较好的效果。

固定式井下节流工艺原理：随生产管柱将节流器工作筒下到水合物防治预测深度，然后把节流器安装相应规格油嘴，通过测试车投入工作筒内，即可实现井下节流生产，并可根据气井生产情况调换井下气嘴规格，从而达到预防水合物的目的。

活动式井下节流工艺原理：当气井需要井下节流时，气井不需压井和起下油管。利用测试车将活动气嘴下到设计位置后座封，即可实现井下节流。打捞更换井下气嘴前，先撞击解封，再下专用打捞工具将气嘴捞出，其优点是不需作业、调整灵活、更换方便。

二、注醇

吉林油田吉 1#井进行注醇防治水合物冻堵工艺设计（崔丽萍，2019），根据吉 1#井的天然气组分数据以及现场测试数据对其进行了水合物生成预测计算，认为该井水合物冻堵的主要原因是井口温度损失较大，同时也不排除由于凝析油和"乳化物"存在而使水合物生成温度降低，使井口温度压力处于临界状态，造成了水合物冻堵现象。根据吉 1#井的天然气组分数据，利用水合物预测软件绘制了水合物生成压力—温度曲线，如图 6-44 所示。

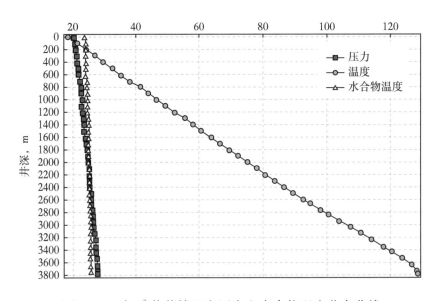

图 6-44　吉 1#井井筒温度压力和水合物温度分布曲线

通过已知产气量与注入甲醇浓度数据，计算出不同温度降下所需甲醇的富液浓度以及甲醇（按 99.99% 浓度）使用量，由于存在一些未知因素，实际应用时考虑约 20% 的安全裕量。

从吉 1# 井短期试采和压力恢复测试情况可以看出（图 6-45），采用 4mm 油嘴，油压 18.4~7.9MPa、套压 18.3~10.4MPa、日产气（5.6~1.3）×$10^4$$m^3$、日产油 0.3$m^3$。现场应用撬装注醇泵套管连续注醇工艺，有效防止了水合物堵塞，提高了开井时率，增加了产气量，取得了显著的效果，成功保障了试气测试施工的顺利进行。

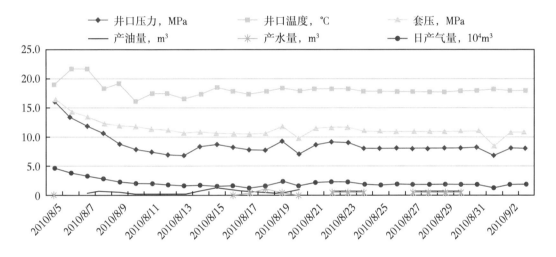

图 6-45　吉 1# 井试采曲线

三、热流体

采用电缆加热和注蒸汽加热等方法，提高油管中气流的温度和井口管汇内的气流温度，达到防止水合物形成的目的。电缆和注蒸汽加热的投入费用大，现场需要一定的设施，如供电设施、蒸汽锅炉等。

针对塔中北坡顺南井区（表 6-24）的气井，依据其假设参数表确定相应的防治水合物生成的工艺。加热工艺即在井场和集气站设置加热炉，将天然气加热到高出水合物形成温度 5℃ 以上的方式，从而防止水合物的生成。采用加热的方法提高天然气的温度，并对采气管线和集气管线进行保温，这样不但可以防止水合物生成，又能解决凝析油凝固问题（李俊霞，2016）。

井场加热：井口加热节流这种集气方法应用较广，加热与节流都在井口完成。根据井流物组成条件和工艺计算可采取加热后节流、先节流后加热甚至几

级加热节流。该流程是在井口压力较高，且井流物温度不能满足节流外输的情况下，为使井口节流或在输送过程中不至于产生水合物而采取的集气方式。

表 6-24　井口温度压力假设参数表

井口压力，MPa	35.6			50		
井口温度，℃	30	40	50	40	50	60

多井高压常温集气、集气站加热：多井高压常温集气工艺，是指多口气井从井口出来的高压气流不加热，节流降压后经采气管道输送至集气站，在集气站内进行加热、节流降压、计量，再进入集气干线。集气站加热工艺流程可以最大限度地简化井口工艺流程，井口基本没有需要维护的工艺设备，主要设施全部集中到了集气站。这样，井口工艺获得简化。如表 6-25 所示。

集气站加热流程适用于井流物温度较高的情况。该流程的特点是可以更加充分的利用地层能量进行油气集输处理。

方案一：井口压力温度：35.6MPa，50℃；50MPa，50℃；50MPa，60℃；出井场压力温度：10MPa，12MPa，14MPa，45℃。流程示意图如图 6-46 所示。

图 6-46　加热流程图

表 6-25　井场二级节流一级加热，集气站加热参数

		35.6			50					
井口	压力，MPa	35.6			50					
	温度，℃	50			50			60		
	水合物生成温度，℃	25	25	25	28.8	28.8	28.8	28.8	28.8	28.8
一级节流后	压力，MPa	18	18	18	18	18	18	18	18	18
	温度，℃	34.11	34.11	34.11	30.98	30.98	30.98	40.66	40.66	40.66
	水合物生成温度，℃	20.9	20.9	20.9	20.9	20.9	20.9	20.9	20.9	20.9
一级加热后	压力，MPa	17.95	17.95	17.95	17.95	17.95	17.95	17.95	17.95	17.95
	温度，℃	61.36	56.61	52.27	61.36	56.61	52.27	61.36	56.61	52.27
	水合物生成温度，℃	20.9	20.9	20.9	20.9	20.9	20.9	20.9	20.9	20.9
二级节流后	压力，MPa	10	12	14	10	12	14	10	12	14
	温度，℃	45	45	45	45	45	45	45	45	45
	水合物生成温度，℃	15.2	17.1	18.2	15.2	17.1	18.2	15.2	17.1	18.2
一级加热负荷，kW		162	134	108	180	152	127	123	95	69

四、自生热

电伴热技术就是防止采气管道封堵的一种工艺。该技术通过补充管道、管体及设备上的热量损失来预防管道堵塞。电伴热工艺不仅装置简单，可实现自动化管理，而且不污染环境、具有全天候工作性能，可以大大降低管线的维修费用。因此，特别适用于周围环境苛刻，且易堵井，工艺流程设计不符合实际情况的干管。例如外界地形高低起伏，且单井距离集气站较远，单井压力低，产量低，携液能力低。对于这类井，在遇到坡度起伏较多的地形时，极其容易造成管线冻堵。通过在低洼处管线增加加温设备，就能够对管线冻堵起到一定的辅助作用，减少工作人员劳动强度。

电伴热设备有以下材料组成：热电偶开关、电阻丝开关、太阳能路灯控制器、485 高速电台、RTU、接线盒、光感开关、八木传输天线、摄像头、水泥杆、电瓶组、人机互动组、太阳能电池板、输气管线、末端热电偶、外界热电偶、中端热电偶、首端热电偶、电阻丝热电偶、绝缘电阻丝。如图 6-47 所示。

所有设备均采用安全可靠的 24V 电压，并对设备的主体材料选用绝缘电阻丝，这样就进一步的避免了电流接触管线。并且绝缘电阻丝采用 Cr20Ni80 型镍锅合金电阻丝。该种电阻丝的热导率达到 60.3kJ/（mh·℃），使用寿命在 1175℃ 时，能够运行 110 小时以上。而管线加温温度根据流速的大小，天然气的黏度等相关因素，一般在 120℃ 以内，能够保证电阻丝的有效寿命。

当绝缘电阻丝产生热量之后，使得钢管外壁吸收，在经过热传导传入钢管内壁，通过与经过加热段的天然气进行对流换热，使得天然气吸收足够的热量。天然气吸收热量之后，破坏了水合物生成的条件，从而达到防止管线冻堵的目的，是一种有效的、直观的、迅速地抑制水合物生成的方法，能够有效降低天然气管线冻堵概率。同时，将绝缘电阻丝缠绕在需要管线加温的管线外壁，为了避免绝缘电阻丝产生的热量散失到外界环境中，在缠绕电阻丝的管线外壁增加保温，保证热量集中输送到管线内部，从而提高设备的有效热量。

该套设备主要应用于管线埋深不足以及裸露地段，可以有效防止因为环境原因造成的集气管线冻堵。

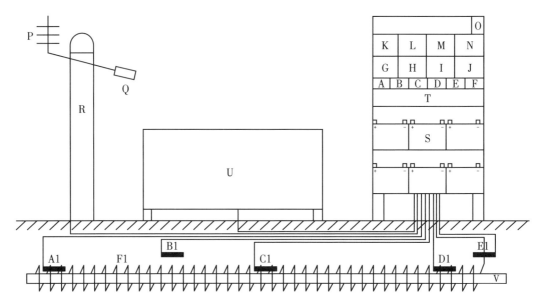

图 6-47　弱电伴热设备设计图

A 至 E—热电偶开关；F—电阻丝开关；G 至 J—备用组；K—太阳能路灯控制器；L—485 高速电台；M—RTU；N—接线盒；O—光感开关；P—八木传输天线；Q—摄像头；R—水泥杆；S—电瓶组；T—人机互动组；U—太阳能电池板；V—输气管线；A1—末端热电偶；B1—外界热电偶；C1—中端热电偶；D1—首端热电偶；E1—电阻丝热电偶；F1—电阻丝

第七章 深层天然气井解堵作业设计

本章主要叙述了深层天然气井解堵设计作业的相关内容，包括解堵时机确定，解堵设计的编制规范，解堵效果评价方法和塔里木油田近几年在深层天然气井解堵作业实施效果等内容。

第一节 井筒解堵时机预测方法

一、解堵时机预测方法

前期库车山前深层气井堵塞状况无有效判别方法，常使用经验判断，导致解堵时机把握不准，部分井因作业过早，效果不明显甚至无效果，部分井因作业过晚，堵塞严重甚至关井，增加措施成本。

基于人工神经网络模型，创建了气井动态流动指数，实现了井筒堵塞状况可识别、解堵效果可评估、作业周期可预测，科学指导了井筒解堵作业时机优选和效果评价，避免"过早无效作业，过晚增加成本"。

动态流动指数（简称为 DI 指数，可理解为气井井口油压），评估井筒状态的分析流程如下：

（1）数据收集：收集生产井的生产时间（d）、井口压力（MPa）、日产液量（m³）、日产气量（m³）、油嘴前井口温度（℃），将上述数据按照时间序列排列，对应。

（2）数据整理：生产上，因为仪器记录或者其他原因，会产生一些空数据或者异常数据。将按时间排列一一对应的数据，剔除其中的空数据和井口压力为零的数据。将数据按照某一时间点分为两部分，一部分用作训练数据（用来训练模型），一部分用作评估数据（用来评估 DI 指数）。一般认为生产井的生产初期不存在堵塞，是正常生产状态，所以取这一部分数据作为训练数据。

（3）模型训练：借助 MATLAB 或者其他统计分析软件，调用其神经网络工具箱。使用训练数据中的生产时间 t（单位为 d）、井口压力 p（单位为 MPa）、

日产液量 Q_l（单位为 m^3）、日产气量 Q_g（单位为 m^3）、油嘴前井口温度 T（单位为 °C），作为输入变量，将 $DI_{理想}$ 指数作为目标变量，训练出生产井的生产动态神经网络模型，即 $DI_{理想}=f(t, p, Q_l, Q_g, T)$，实现过程如图 7-1 所示。

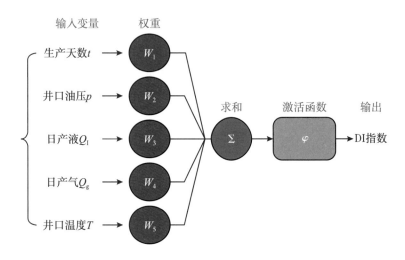

图 7-1　DI 指数计算原理图

（4）井筒堵塞率预测：将当前日期的生产时间 t、井口压力 p、日产液量 Q_l、日产气量 Q_g、油嘴前井口温度 T，输入已经训练好的数学模型 $DI_{理想}=f(t, p, Q_l, Q_g, T)$，得到 $DI_{理想}$ 指数，相当于气井井筒通畅无堵塞情况下的理想井口油压，而 $DI_{实际}$ 指数为实际井口油压。$DI_{理想}$ 指数和 $DI_{实际}$ 指数绘制如图 7-2 所示，

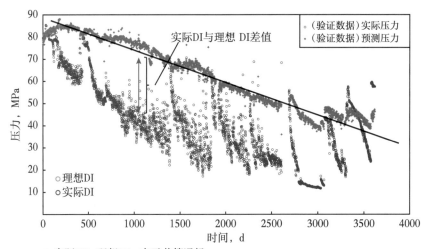

● 实际DI≥理想DI，表示井筒通畅
● 实际DI<理想DI，表示井筒堵塞，偏离越大，堵塞越严重

图 7-2　DI 指数示意图

绿线为 DI$_{理想}$ 指数，蓝线为 DI$_{实际}$ 指数。DI$_{实际}$ 指数大于等于 DI$_{理想}$ 指数，表明井筒流动通道无阻碍；DI$_{实际}$ 指数小于 DI$_{理想}$ 指数，表明井筒流动通道存在障碍，有堵塞现象，差值越大表示井筒堵塞越严重。

（5）井筒生产状态判断：实际 DI 指数偏离理想值的程度定义为堵塞率 B_r。当堵塞率 < 30%，堵塞对产量影响不大，密切关注；堵塞率 30%~50% 之间，是解堵措施最佳时间；堵塞率 > 50%，产量影响严重，应避免这种情况发生，见表 7-1 所示。井筒堵塞程度分级管理科学指导了最佳解堵时机，避免"过早无效作业，过晚增加成本"。

$$B_r = \frac{理想 DI - 实际 DI}{理想 DI} \times 100\% \quad (7-1)$$

表 7-1　井筒解堵时机确定方法

井筒堵塞率，%	堵塞程度	措施类型
$B_r \leqslant 5$	无	无堵塞
$5 < B_r \leqslant 30$	弱	跟踪观察
$30 < B_r \leqslant 50$	中等偏弱	择机解堵
$50 < B_r \leqslant 70$	中等偏强	避免
$B_r > 70$	强	避免

二、应用实例

（1）避免过早作业。

2019 年 8 月，KeS8-6 井计划开展井筒解堵作业，通过评估井筒堵塞指数 7%，如图 7-3 所示，此情况应延迟解堵作业。实际现场解堵后油压、产气量提升较小，解堵效果不明显。

（2）避免过晚作业。

KeS2-1-12 井计划开展井筒解堵作业，评估井筒堵塞指数 66%，如图 7-4 所示，已超过井筒解堵作业的最佳时期。实际解堵作业过程中存在挤液困难，试挤 12 次才建立稳定排量，说明井筒堵塞严重。

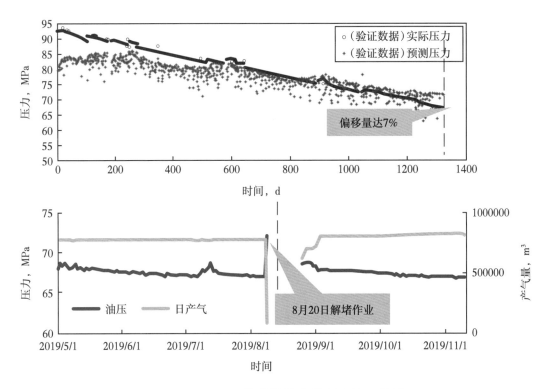

图 7-3　KeS8-6 井井筒堵塞情况及施工曲线

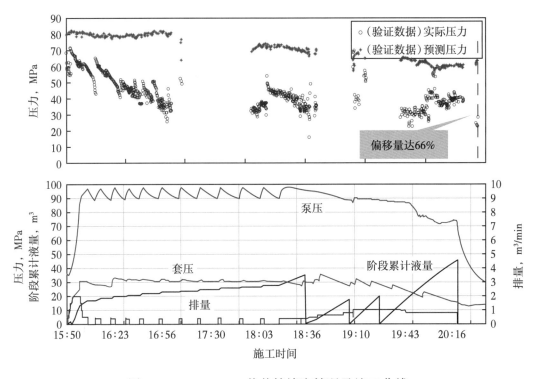

图 7-4　KeS2-1-12 井井筒堵塞情况及施工曲线

第二节　气井解堵设计编制

本节主要论述了深层气井解堵设计应该包括哪些内容。

（1）前言。

井筒解堵设计应包括但不限于钻井概况、生产过程及堵塞情况、存在问题、解堵方案和风险问题。

（2）基础数据。

基础数据应包括但不局限构造位置、地理位置、井别、井型、开钻日期、完钻日期、完钻井深、完钻层位、人工井底、完井方式、井身结构、套管数据。

（3）地质概况及生产情况。

包括构造地质概况、测井解释、流体性质、温度压力系统、生产过程及异常情况、井筒堵塞物类型、类似井解堵情况。

（4）解堵施工目的及工艺设计原则。

施工目的应包括解堵范围、工艺优选。设计原则应包括但不限于控压方法、反应时间要求。

（5）解堵方案设计。

解堵方案设计包括化学解堵施工管柱、化学解堵施工压力预测、工作液配方及性能要求、化学解堵模拟计算、施工泵注程序及泵注要求。

（6）地面解堵方案设计。

地面解堵方案设计应包括但不限于连接地面施工管线，对高压管线试压合格，按解堵施工泵注程序进行施工，按排液措施要求排液。

（7）井控要求。

按照SY/T 5225—2019《石油天然气钻井、开发、储运防火防爆安全生产技术规程》和油气田企业安全管理规范等文件。

（8）配液材料级施工设备明细表。

施工材料和施工设备明细。

第三节　井筒解堵效果评价

深层气井井筒解堵作业几乎成为一项普遍性和周期性的措施，以往对解堵措施效果的评价仅从作业前后油压、产气量、无阻流量增量方面进行表征，评价手段较为单一，对于解堵措施效果持续性和措施经济性方面评估不够完善。例如某解堵方法初期效果很好，但持续性不够，或者未考虑连续油管疏通、管缆电加热、化学注入等解堵措施作业费用的因素，应选择产出投入比更大的解堵技术。全面评估高压气井解堵措施效果，从而优化指导后续解堵设计，提升解堵作业效果和经济性是一件迫在眉睫的工作。井筒解堵措施指标包括效果指标和经济效益指标两类。

一、解堵效果评价方法

解堵效果指标可以分为气井绝对无阻流量增长倍数、有效期和累计增产气量三项。

1. 气井绝对无阻流量增长倍数

气井绝对无阻流量增长倍数定义为解堵后无阻流量提产倍数，气井绝对无阻流量可根据产能公式计算，可分为二项式、指数式，按照 SY/T 5440—2019 规定执行。气井绝对无阻流量增长倍数按式（7-2）计算：

$$N_{\text{AOF}} = \frac{Q_{\text{AOF2}}}{Q_{\text{AOF1}}} - 1 \tag{7-2}$$

式中　N_{AOF}——绝对无阻流量增长倍数；

Q_{AOF1}——解堵前绝对无阻流量，$10^4 \text{m}^3/\text{d}$；

Q_{AOF2}——解堵后绝对无阻流量，$10^4 \text{m}^3/\text{d}$。

2. 有效期

解堵措施有效期是指气井措施后绝对无阻流量连续大于解堵前绝对无阻流量的时间，单位为月。

3. 累计增产气量

累计增产气量按式（7-3）计算：

$$A_{\text{g}} = B_{\text{g}} - 30 Q_{\text{g}} T \tag{7-3}$$

式中　A_{g}——解堵措施后累计增产气量，10^4m^3；

B_{g}——解堵措施后累计产气量，10^4m^3；

Q_{g}——解堵措施前日产气量，10^4m^3；

T——解堵措施有效期，mon。

累计增产油量按式（7-4）计算：

$$A_{\mathrm{o}} = B_{\mathrm{o}} - 30 Q_{\mathrm{o}} T \qquad (7\text{-}4)$$

式中　A_{o}——解堵措施后累计增产油量，t；

　　　B_{o}——解堵措施后累计产油量，t；

　　　Q_{o}——解堵措施前日产油量，t；

　　　T——解堵措施有效期，mon。

4. 评价指标

气井解堵效果评价指标采用绝对无阻流量增长倍数、有效期、累计增产气量三项指标，宜按表 7-2 的规定。若单一评价解堵工艺成功率，则仅按绝对无阻流量增长倍数指标评价。

表 7-2　气井解堵效果评价指标评价分值

序号	技术指标	解堵前绝对无阻流量 Q_{AOF1}				评价得分
		$Q_{\mathrm{AOF1}} < 10$	$10 \leqslant Q_{\mathrm{AOF1}} < 50$	$50 \leqslant Q_{\mathrm{AOF1}} < 100$	$Q_{\mathrm{AOF1}} \geqslant 100$	
1	绝对无阻流量增长倍数（N_{AOF}）	$N_{\mathrm{AOF}} > 10$	$N_{\mathrm{AOF}} > 5$	$N_{\mathrm{AOF}} > 3$	$N_{\mathrm{AOF}} > 2$	41~50
		$3 < N_{\mathrm{AOF}} \leqslant 10$	$2 < N_{\mathrm{AOF}} \leqslant 5$	$2 < N_{\mathrm{AOF}} \leqslant 3$	$1 < N_{\mathrm{AOF}} \leqslant 2$	31~40
		$1 < N_{\mathrm{AOF}} \leqslant 3$	$1 < N_{\mathrm{AOF}} \leqslant 2$	$1 < N_{\mathrm{AOF}} \leqslant 2$	$0.5 < N_{\mathrm{AOF}} \leqslant 1$	21~30
		$N_{\mathrm{AOF}} \leqslant 1$	$N_{\mathrm{AOF}} \leqslant 1$	$N_{\mathrm{AOF}} \leqslant 1$	$N_{\mathrm{AOF}} \leqslant 0.5$	0~20
2	有效期（T）	$T > 30$	$T > 25$	$T > 25$	$T > 20$	26~30
		$20 < T \leqslant 30$	$15 < T \leqslant 25$	$15 < T \leqslant 25$	$10 < T \leqslant 20$	21~25
		$10 < T \leqslant 20$	$10 < T \leqslant 15$	$10 < T \leqslant 15$	$5 < T \leqslant 10$	11~20
		$T \leqslant 10$	$T \leqslant 10$	$T \leqslant 10$	$T \leqslant 5$	0~10
3	累计增产气量（A_{g}）	$A_{\mathrm{g}} > 50000$	$A_{\mathrm{g}} > 20000$	$A_{\mathrm{g}} > 10000$	$A_{\mathrm{g}} > 5000$	16~20
		$10000 < A_{\mathrm{g}} \leqslant 50000$	$5000 < A_{\mathrm{g}} \leqslant 20000$	$2000 < A_{\mathrm{g}} \leqslant 10000$	$1000 < A_{\mathrm{g}} \leqslant 5000$	11~15
		$5000 < A_{\mathrm{g}} \leqslant 10000$	$1000 < A_{\mathrm{g}} \leqslant 5000$	$500 < A_{\mathrm{g}} \leqslant 2000$	$200 < A_{\mathrm{g}} \leqslant 1000$	6~10
		$A_{\mathrm{g}} \leqslant 5000$	$A_{\mathrm{g}} \leqslant 1000$	$A_{\mathrm{g}} \leqslant 500$	$A_{\mathrm{g}} \leqslant 200$	0~5

气井评价得分按式（7-5）计算：

$$D_{\mathrm{g}} = O_1 + O_2 + O_3 \qquad (7\text{-}5)$$

式中 D_g——气井解堵效果评价得分；

O_1——绝对无阻流量增长倍数评价得分；

O_2——有效期评价得分；

O_3——累计增产气量评价得分。

气井解堵效果评级等级宜按照表 7-3 的规定。

表 7-3 气井解堵效果评价划分等级

序号	解堵效果综合评价分值	解堵效果评价等级
1	$D_g > 80$	优
2	$60 < D_g \leqslant 80$	良
3	$30 < D_g \leqslant 60$	一般
4	$0 < D_g \leqslant 30$	差

二、解堵经济效益评价方法

解堵经济效益评价指标分为气井绝对无阻流量增长倍数、有效期和累计增产气量三项。

1. 经济收入

气井经济收入按式（7-6）计算：

$$E = 10A_g \times \left(P_g - T_g - C_g \right) + 10^4 A_o \times \left(P_o - T_o - C_o \right) - C \qquad （7-6）$$

式中 E——气井经济收入，10^4 元；

A_g——累计增产气量，$10^4 m^3$；

P_g——天然气价格，10^4 元 /$10^3 m^3$；

T_g——天然气开采税费，即每采出 1000m^3 天然气所付出的税费，10^4 元 /$10^3 m^3$；

C_g——天然气开采操作成本，即平均每采出 1000m^3 天然气所付出的直接费用综合，10^4 元 /$10^3 m^3$；

A_o——累计增产凝析油量，10^4t；

P_o——凝析油价格，10^4 元 /t；

T_o——凝析油开采税费，即每采出 1 吨凝析油所付出的税费，10^4 元 /t；

C_o——凝析油开采操作成本，即平均每采出 1 吨凝析油所付出的直接费用综合，10^4 元 /t；

C——措施投入，10^4 元。

2. 投入回收期

气井解堵措施后所得的经济收入抵偿全部投入所需的时间，单位为天。

3. 产出投入比

产出投入比按式（7-7）计算：

$$R = \frac{10A_g \times \left(P_g - T_g\right) + 10^4 A_o \times \left(P_o - T_o\right)}{C + 10A_g \times C_g + 10^4 A_o \times C_o} \qquad (7\text{-}7)$$

4. 评价指标

气井解堵经济效益评价指标采用投入回收期、经济收入、产出投入比三项指标，宜按表 7-4 的规定。

气井解堵经济效益评价得分按式（7-8）计算：

$$X = X_1 + X_2 + X_3 \qquad (7\text{-}8)$$

式中　X——气井解堵经济效益评价得分；

　　　X_1——经济收入评价得分；

　　　X_2——投入回收期评价得分；

　　　X_3——产出投入比评价得分。

表 7-4　气井解堵经济效益指标评价得分

序号	项目	指标范围	评价分值
1	经济收入（E）	$E > 10000$	41~50
		$2000 < E \leqslant 10000$	31~40
		$100 < E \leqslant 2000$	21~30
		$E \leqslant 100$	0~20
2	投入回收期（P_t）	$P_t < 3$	16~20
		$3 \leqslant P_t < 5$	11~15
		$5 < P_t \leqslant 10$	6~10
		$10 < P_t \leqslant 20$	0~5
3	产出投入比（R）	$R > 100$	26~30
		$30 < R \leqslant 100$	21~25
		$5 < R \leqslant 30$	16~20
		$R \leqslant 5$	0~15

气井经济效益评价等级宜按照表 7-5 的规定。

表 7-5 气井解堵经济效益评价划分等级

序号	经济效益综合评价分值	解堵经济效果评价等级
1	$X > 80$	优
2	$60 < X \leqslant 80$	良
3	$30 < X \leqslant 60$	一般
4	$0 < X \leqslant 30$	差

第四节　塔里木油田深层天然气井井筒解堵效果

2018—2021 年，深层气井井筒解堵技术在克深、迪那、大北等气田实施作业 90 井次，措施有效率 100%，气井措施后平均油压由 36.8MPa 增加至 61.1MPa，平均日产气由 $33.3 \times 10^4 \mathrm{m}^3$ 增加至 $44.3 \times 10^4 \mathrm{m}^3$，平均日产油由 22.1t 增加至 30.8t，单井无阻流量由 $53.6 \times 10^4 \mathrm{m}^3/\mathrm{d}$ 增加至 $174.4 \times 10^4 \mathrm{m}^3/\mathrm{d}$，增产 2.3 倍，累计增产天然气 $74.89 \times 10^8 \mathrm{m}^3$、凝析油 $39.70 \times 10^4 \mathrm{t}$，折合油气当量 $638.8 \times 10^4 \mathrm{t}$，取得巨大的提产效果，创造了巨大的经济效益，具体每年效果见表 7-6，如图 7-5 和图 7-6 所示。

表 7-6 2018—2021 年碱性化学高效除垢技术应用效果

年份		2018	2019	2020	2021
解堵措施井次		25	19	22	24
解堵前	单井油压，MPa	32.1	40.1	36.1	41
	日产气，$10^4\mathrm{m}^3$	33.5	23.7	30.5	32.4
	日产凝析油，t	30.4	8.1	2.9	16.5
	单井无阻流量，$10^4\mathrm{m}^3/\mathrm{d}$	48.4	67.8	41.1	57.1
解堵后	单井油压，MPa	60.2	64.4	62.5	57.2
	日产气，$10^4\mathrm{m}^3$	48.2	36.1	31.4	41.6
	日产凝析油，t	44.9	10.2	4.8	18.7
	单井无阻流量，$10^4\mathrm{m}^3/\mathrm{d}$	164.3	221.5	133.0	177.1
无阻流量提产倍数		2.4	2.3	2.2	2.1
累计增产气量，$10^8\mathrm{m}^3$		11.82	18.93	20.2	23.95
累计增产凝析油量，$10^4\mathrm{t}$		7.91	9.44	10.55	11.81

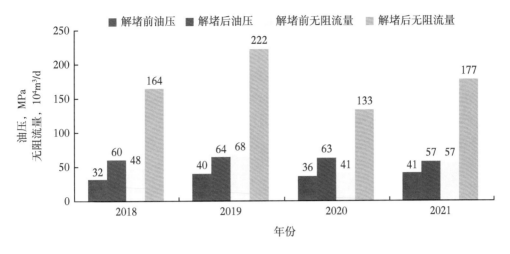

图 7-5 2018—2021 年油压、无阻流量恢复效果

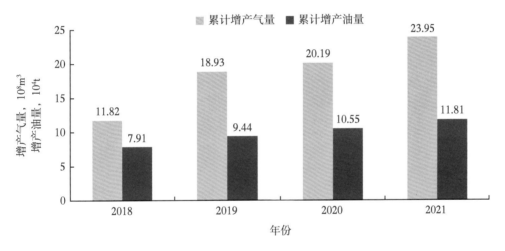

图 7-6 2018—2021 年累计增产油气产量

参 考 文 献

江同文，孙雄伟．2020.中国深层天然气开发现状及技术发展趋势［J］.石油钻采工艺，42（5）：610-621.

黄少英，杨文静，卢玉红，等．2018.凡闪.塔里木盆地天然气地质条件、资源潜力及勘探方向［J］.天然气地球科学，29（10）：1497-1505.

张道伟．2021.四川盆地未来十年天然气工业发展展望［J］.天然气工业，41（8）：34-45.

谢玉洪，李绪深，徐新德，等．2016.莺—琼盆地高温高压领域天然气成藏与勘探大突破［J］.中国石油勘探，21（4）：19-29.

徐春春，邹伟宏，杨跃明，等．2017.中国陆上深层油气资源勘探开发现状及展望［J］.天然气地球科学，28（8）：1139-1153.

庞雄奇，汪文洋，汪英勋，等．2015.含油气盆地深层与中浅层油气成藏条件和特征差异性比较［J］.石油学报，36（10）：1167-1187.

吴小奇，刘光祥，刘全有，等．2015.四川盆地元坝气田长兴组—飞仙关组天然气地球化学特征及成因类型［J］.天然气地球科学，26（11）：2155-2165.

谢增业，李剑，杨春龙，等．2021.川中古隆起震旦系—寒武系天然气地球化学特征与太和气区的勘探潜力［J］.天然气工业，41（7）：1-14.

江同文，孟祥娟，黄锟，等．2020.克深2气田井筒堵塞机理及解堵工艺［J］.石油钻采工艺，42（5）：657-661.

聂延波，王洪峰，王胜军，等．2019.克深气田异常高压气井井筒异常堵塞治理［J］.新疆石油地质，40（1）：84-90.

魏军会，匡韶华，张宝，等．2018.塔里木盆地迪那2气田井筒解堵液研究及其应用［J］.天然气勘探与开发，41（4）：80-86.

吴燕，唐斌，晏楠，等．2019.迪那2气田井筒堵塞物来源分析及解堵方法［J］.江汉大学学报（自然科学版），47（2）：146-151.

廖发明，贾伟，张永宾，等．2019.迪那2气藏气井出砂结垢地质和工程原因及治理［C］//第31届全国天然气学术年会，2019：22-30.

姚茂堂，刘举，袁学芳，等．2020.高温高压凝析气藏井筒结垢及除垢研究［J］.石油与天然气化工，49（4）：73-77.

万仁溥，罗英俊，陈端宗，等．1991.采油技术手册：防砂技术［M］.北京：石油工业出版社．

江同文，孟祥娟，黄锟，等．2020.克深2气田井筒堵塞机理及解堵工艺［J］.石油钻采工艺，42（5）：657-661.

王玉纯，顾宏伟，张晓芳．1998.油层出砂机理与防砂方法综述［J］.特种油气藏，（4）：63-66.

Tronvoll J，SkjtRstein A，Papamichos E. 1997. Sand production：mechanical failure or hydrodynamic erosion[J]. International Journal of Rock Mechanics & Mining Sciences，34（3-4），291.

Geilikman M B，Dusseault M B. 1997. Fluid rate enhancement from massive sand production in heavy-oil reservoirs[J]. Journal of Petroleum Science & Engineering, 17（1）, 5-18.

徐守余，王宁.油层出砂机理研究综述［J].2007.新疆地质, 25（3）: 283-286.

王星.2012.海上油田高级优质筛管适度出砂防砂设计准则研究［D].成都：西南石油大学.

马建民.2011.可自适应膨胀防砂筛管防砂机理及其技术研究［D].青岛：中国石油大学（华东）.

（英）巴布森.奥义因.高效油气流动综合出砂管理［M].石油工业出版社, 2019.

Veeken C A M, Davies D R, Kenter, C J, et al. 1991. Sand Production Prediction Review: Developing an Integrated Approach. Paper SPE 22792 presented at 66th Annual Technical Conference and Exhibition of the Society of Petroleum Engineers, Dallas, TX. October 6-9.

Mason D L, Shamma H, van Petegem R, et al. 2014. Advanced Sand Control Chemistry To Increase Maximum Sand Free Rate With Improved Placement Technique – A Case Study. Society of Petroleum Engineers. doi: 10.2118/170594-MS.

薛锋.新型改性呋喃树脂固砂剂配套防砂工艺应用研究.江汉石油学院学报, 2001, 23（2）: 44-47.

梁金国，张克舫，沈惠坊.焦化防砂室内实验研究.石油学报, 1998, 19（2）: 132-134.

王梁.高压除砂器在页岩气现场的应用与研究［D].青岛：中国石油大学（华东）, 2018.

王兵，李长俊，刘洪志，等.井筒结垢及除垢研究［J].石油矿场机械, 2007,（11）: 17-21.

刘文远，胡瑾秋，姚天福，等.2020.深水气井生产过程中的井筒结垢实验规律［J].石油钻采工艺, 42（3）: 375-384.

李雪娇.硫酸钡结垢影响因素及化学阻垢实验研究［D].成都：西南石油大学, 2015.

沈建新，刘建仪，刘举，等.2022.迪那2气藏凝析水结垢规律实验研究［J].中国海上油气, 34（1）: 94-101.

黄雪松，刘强，张勇，等.2002.硫酸盐固体防垢剂在轮南油田的应用研究［J].石油与天然气化工,（5）: 266-269.

陈香.2016.白豹油田清防垢技术的探索及应用［D].西安石油大学.

郭红，刘世恩，董双波.2015.新型固体阻垢剂的研究［J].承德石油高等专科学校学报, 17（4）: 17-19, 94.

李金玲，刘合，袁涛.2003.三元复合驱采油井用的固体缓释防垢剂［J].油田化学,（4）: 304-306.

张贵才，张乔良，吴柏志，等.2004.固体防垢块的研制［J].精细化工, 21（8）: 621-625.

程鑫桥，舒福昌，王富年，等.2010.缓释型固体油井防垢剂的研制及应用［J].化学与生物工程,（2）: 77-79.

李明.2011.江苏庄2区块油井防垢剂地层预置工艺研究［D].青岛：中国石油大学（华东）.

任龙强，王光，王建兵，等.2022.一种缓释防垢支撑剂及其制备方法［P].中国专利: CN114032084A.

李仕伦.2001.注气提高石油采收率技术［M].成都四川科学技术出版社.

Brown TS. 1994.The Effects of light ends and high pressure on paraffin formation[C]. SPE28506.

刘敏，JJ.C.Hsu. 2001.富气原油在湍流条件下的蜡沉积［J].西安石油学院学报, 16（5）: 56-57.

姚茂堂，刘举，袁学芳，等.2020.高温高压凝析气藏井筒结垢及除垢研究［J].石油与天然气化工, 49（4）: 73-77.

袁锦亮，柳春云，吕晶．2012.凝析气藏凝析水产出机理及其对开发的影响［J］.石油实验地质，34：68-72.

邓传忠，李跃林，王玲，等．2017.崖城13-1气田凝析水产出规律实验研究及预测方法［J］.中国海上油气，29（5）：75-81.

韦钦胜，胡仰栋，安维中，等．2007.基于BP神经网络的天然气水合物相平衡计算及预测［J］.海洋技术，26（2）：54-56.

崔丽萍．2011.吉林油田天然气水合物预测及防治技术研究［D］.大庆：东北石油大学．

李俊霞．2016.顺南井区地面工程关键技术研究［D］.成都：西南石油大学．

Peng D Y, Robison, D A. 1976. A new tow constant Equation of State［J］. Ind. Eng Chem, 15（1），59-64.

Stryjek R, Vera J H. 1986. PRSV: An improved Peng-Robinson equation of state for pure compounds and mixturese［J］.Canadian journal of chemical engineering.（64）：323.

Riazi M R. 2005. Characterization and properties of petroleum fractions［C］.ASTM internationa1.

Edmister W C. 1958. Applied hydrocarbon thermodynamics: part 4 compressibility factor and equation of state［J］.Petrol.Refiner.

Pan H, Firoozabadi A, Fotland P. 1997. Pressure and Composition Effect on Wax Precipitation: Experimental Data and Model Results［C］.SPE Production & Facilities, 12（4）：250-258.

Schou Pedersen K, Skovborg P, Roenningsen H P. 1991. Wax precipitation from North Sea crude oils.4. Thermodynamic modeling［J］. Energy&Fuels, 5（6）：924-932.

Won K W. 1986. Thermodynamics for solid solution-liquid-vapor equilibria: wax phase formation from heavy hydrocarbon mixtures［J］. Fluid Phase Equilibria, 30：265-279.

Won K W. 1989. Thermodynamic calculation of cloud point temperatures and wax phase sitions of refined hydrocarbon mixtures［J］.Fluid Phase Equilibria, 53：377-396.

Van der Waals J H, Platteeuw J C. 1959. Clathrate solutions［J］. Advances in Chemical Psics, 2：1-57.

Skovborg P, Rasmussen P. 1994. A mass transport limited model for the growth of ethane gashydrates ［J］. Chemical Engineering Science, 49（8）：1131-1143.

Barkan E S, Sheinin D A. 1995. A general technique for the calculation of formation conditionsof natural gas hydrates ［J］. Fluid Phase Equilibria, 86：111-136.

Guang-Jin Chen, Tian-Min Guo. 1998. A new approach to gas hydrate modelling［J］. Chemical Engineering Journal, 71（2）：145-151.

Klauda J B, Sandier S I. 2000. A fugacity model for gas hydrate phase equilibria ［J］. Industrial&Engineering Chemistry Research, 39（9）：3377-3386.

Javanmardi J, Maishfeghian M, Maddox R N. 2001. An accurate model for predition of gas hydrate formation conditions in mixtures of aqueous electrolytr solutions and alcohol ［J］. 79（3）：367-373.

Chapoy A, Haghighi H, Burgass R, et al. 2010. Gas hydrates in low water content gases: Experimental measurements and modelling using the CPA equation of state ［J］. Fluid Phase Equilibria, 296（1）：9-14.

Paricaud P. 2011. Modeling the dissociation conditions of salt hydrates and gas semiclathrate hydrates:

application to lithium bromide, hydrogen iodide, and tetra-n-butylammonium bromide plus carbon dioxide systems [J]. The Journal of Physical Chemistry B, 115 (2): 288-299.

Park D H, Lee B R, Sa J H, et al. 2012. Gas-hydrate phase equilibrium for mixtures of sulfur hexafluoride and hydrogen [J]. Journal of Chemical&Engineering Data, 57 (5): 1433-1436.

Delavar H, Haghtalab A. 2014. Prediction of hydrate formation conditions using Ge-Eos andUniquac models for pure and mixed gas systems [J]. Fluid Phase Equilibria, 369: 1-12.

ZareNezhad B, Ziaee M. 2013. Accurate prediction of HaS and CO_2 containing sour gashydrates formation conditions considering hydrolytic and hydrogen bonding associationeffects[J].Fluid Phase Equilibria, 356: 321-328.

Bahadori A. 2014. A simple mathematical predictive tool for estimation of a hydrate inhibitorinjection rate[J]. Nafta, 62 (7-8): 213-223.

Herslund P J, Thomsen K, Abildskov J, et al. 2014. Modelling of cyclopentane promoted gashydrate systems for carbon dioxide capture processes [J]. Fluid Phase Equilibria, 375: 89-103.

Delavar H, Haghtalab A. 2015. Thermodynamic modeling of gas hydrate formation conditionsin the presence of organic inhibitors, salts and their mixtures using UNIQUAC model [J].Fluid Phase Equilibria, 394: 101-117.

Soroush E, Mesbah M, Shokrollahi A, et al. 2015. Evolving a robust modeling tool for prediction of natural gas hydrate formation conditions [J]. Journal of Unconventional Oiland Gas Resources, 12: 45-55.

Sun Q, Kang Y T. 2016. Review on COQ hydrate formation/dissociation and its cold energyapplication [J]. Renewable and Sustainable Energy Reviews, 62: 478-494.

Li L, Zhu L, Fan J. 2016. The application of CPA-vdWP to the phase equilibrium modeling ofmethane-rich sour natural gas hydrates [J]. Fluid Phase Equilibria, 409: 291-300.